U0155847

国家出版基金项目
NATIONAL PUBLICATION FOUNDATION

考工格物

· V ·

开物

中国工匠技术观念史

潘天波

著

江苏凤凰美术出版社

图书在版编目（CIP）数据

开物：中国工匠技术观念史 / 潘天波著. —— 南京：
江苏凤凰美术出版社, 2023.12
（考工格物）
ISBN 978-7-5741-0461-7

Ⅰ.①开… Ⅱ.①潘… Ⅲ.①科学技术 – 技术史 – 中
国 Ⅳ.①N092

中国版本图书馆CIP数据核字(2022)第229874号

选 题 策 划　方立松
责 任 编 辑　王左佐
责 任 校 对　孙剑博
责 任 监 印　唐　虎
装 帧 设 计　薛冰焰
责任设计编辑　唐　凡

丛 书 名	考工格物
书　　名	开物：中华工匠技术观念史
著　　者	潘天波
出版发行	江苏凤凰美术出版社（南京市湖南路1号 邮编：210009）
制　　版	江苏凤凰制版有限公司
印　　刷	苏州市越洋印刷有限公司
开　　本	890mm×1240mm　1/32
印　　张	7.5
字　　数	270千字
版　　次	2023年12月第1版　2023年12月第1次印刷
标准书号	ISBN 978-7-5741-0461-7
定　　价	98.00元

营销部电话：025-68155675　营销部地址：南京市湖南路1号
江苏凤凰美术出版社图书凡印装错误可向承印厂调换

潘天波简介

· 艺术史博士

· 中国艺术文化史学者

· 江苏师范大学工匠与文明研究中心教授

· 国家社科基金重大项目首席专家、负责人

· 央视百家讲坛《好物有匠心》主讲人

· 年榜"中版好书""凤凰好书"和月榜"中国好书"作者

· 江苏南京社会科学普及公益导师

· 江苏南京长江文化研究院特约研究员

内容提要

从一定程度上，技术是哲学的"催生婆"，哲学是技术的"冷却剂"。本著站在技术哲学的高度，以中华考工技术为研究对象，粗浅地阐释了中国考工技术的观念史，全书聚焦从史前影响工匠原始宗教技术观念到清代"西技东渐"的略景式书写，粗略明晰了中华考工技术观念的嬗变规律，彰显出中国工匠技术在宗教、伦理、道德、审美、劳动、休闲等观念层面所形成的影响体系，并进一步澄清工匠技术领域中的劳动与休闲引发日常人的时空变化，还原中华工匠技术观念意义深处的哲学功能与文明意义。

序

在科技史领域，齐尔塞尔论题、赫森论题、默顿论题与李约瑟论题是四大享誉世界的研究论题。实际上，齐尔塞尔、赫森、默顿与李约瑟等所讨论的问题还不是一个哲学的问题，多半只是一个经济学的问题、大工业的问题和国家制度的问题。尤其是齐尔塞尔论题、赫森论题和默顿论题在西方并没有得到大范围的响应，在中国也没有充分展开。

在马克思主义哲学看来，技术是人的本质的外化。具体地说，技术周边的哲学体系至少含有以下分支论题：

Ⅰ．技术—身体论。技术是人的本质的外化，技术控制身体，技术也解放了身体、形塑了身体。身体是技术的参照，身体是技术进步的动力，技术弥补了身体的缺陷。

Ⅱ．技术—政治论。技术形塑政治，政治干预技术。

Ⅲ．技术—经济论。技术是经济腾飞的翅膀，经济发展加速技术革新。技术吸引资本，加速资本运作，技术让资本走向新阶段。资本家聚集技术，但也会阻碍技术发展。

Ⅳ．技术—制度论。技术是制度选择的条件与可能，制度是技术的"皇帝"，能改变技术的方向和深度。

Ⅴ．技术—文明论。技术推进社会文明的发展，但技术社会不一定是文明社会，文明社会一定是技术社会，文明需要技术。

Ⅵ．技术—时间论。技术改变了时间的形状，技术是时间的魔术师。时间会让技术发展的线条加粗，时间的革命催生技术的革命。

Ⅶ．技术—空间论。技术改变空间、压缩空间，技术让空间变得更美。空间的流动性让技术长了翅膀，空间的现象学让技术改变了空间的意义。

Ⅷ.技术—伦理论。技术破坏伦理，技术规约伦理，技术监督伦理。伦理规训技术，伦理让技术变革变得更快。

Ⅸ.技术—宗教论。技术加速宗教改革，宗教控制技术发展。

Ⅹ.技术—美学论。技术让美更加有内涵，更有可操作性。美学让技术更隐蔽、更艺术。

总之，人的本质的外化所涉及的知识领域均与技术是分不开的。

在古代中国，先秦子学的技术哲学、汉代的经学技术哲学、魏晋时期的玄学技术哲学、隋唐佛学技术哲学、宋明经学技术哲学、清代经学技术哲学……这些哲学主要是经学的技术哲学。"技术"在中国哲学体系中的地位明显不足，也没有引起哲学家的关注。中国哲学家关注的是"心性哲学"，即先验哲学。中国古代的技术与哲学之间的关系总是分分合合，发展道路曲折。在上古时期，技术与哲学在混沌中合一；在先秦时期，技术和哲学在互动中走向分离；在汉唐时期，技术与哲学在区隔中走向分裂；在宋元时期，技术和哲学在分裂中逐渐走向融合；在明清时期，技术和哲学走向新的对话与融合。中国不缺少技术，但缺少技术哲学家。

"技术"在西方哲学体系中始终处于显赫的地位。或者说，技术已然成为西方哲学的重要范式，技术与哲学始终走在一起。在古希腊，哲学家本来就是技术家或工匠；在中世纪，技术和宗教哲学在上帝或神的思想中得到统一；在文艺复兴时期，技术和哲学在艺术中高度统一；在启蒙运动时期，技术和哲学在工业生产中得以融合；在现代西方，技术和哲学走向新的融合与统一。

技术是哲学的思想盟友。没有技术，哲学将失去物质性和实践性的基础，哲学的大厦亦将倾斜。哲学语言（匠作之喻）、哲学思想（匠作之思）、哲学批判（匠作批判）等与技术的工具性和物质性是分不开的。技术是哲学的催生婆。从技术工具、技术经验和技术现象中，催生技术哲学，通过镜像、参照、模范和介导等方式，抽象、规约和本质化生产技术哲学。哲学是技术的思想家，对技术提供灵魂、思想；哲学是技术的冷却剂，对技术的降温、冷置之作用是明显的；哲学又是技术的牵引机，对技术的调适、规制也起到很大作用。

技术是哲学的一部分，哲学家对技术的思考，就是对自己的思考。技术具有教育意义，哲学家对技术话语权的控制有利于技术走向意义深处。

是为序，以志其旨。

辛丑年正月十七

目录

目录

目录

◆

—— 第三章 ——

时间幽谷——史前工匠的时间观念及其技术表达

◆

◆

—— 第四章 ——

在德不在鼎——上古器物的宗教功能及其技术溢出

◆

目录

目录

目录

目录

目录

目 录

目 录

◆

—— 跋 ——

◆

—— 参考文献 ——

潘天波《考工格物》书系

引论

-

技术史如何
展开？

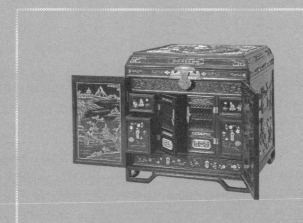

在学科史研究领域，技术史研究与工艺史、科学史等历史研究的界限模糊，这在很大程度上归因于技术史研究面临的结构性与制度性障碍，以至于出现了孤立的欧洲文明中心论、绝对的功利主义和狭隘的文明优越论等技术史书写偏见。研究思想及其来源的赤字是直接导致技术史书写困境及其意义危机的根本原因，正确地援引技术全球史、技术社会史和技术交往史等研究范式，或能为技术史书写获得正本清源、格物致知和知往鉴今的认识论通途。

"界限"（或称为"界域"）是一个学科史研究范式理论的重要认识论范畴。没有界限的学科史是不存在的，如此学科史也将失去了学科存在的独立性与重要性，也就降低为一般历史的身价与地位。因此，学科史的书写总是面临一般历史与学科史界限的认识论困扰与选择。对于技术史书写而言，目前国内外学界就存在重大的界限困境问题，尤其是中国技术史与工艺史[①]、科学史[②]、工程史[③]等研究界限的混淆问题十分突出。

从根本上说，寻找技术史研究的界限就是确立技术史书写的认识论范式。譬如近代社会以来，与技术史书写关系最为密切的是从工艺史、科学史的视角认知去发现技术史。但令人遗憾的是，绝大部分对于工艺史、科学史的研究并没有给技术史研究带来多大的益处，这在很大程度上要归因于对技术史研究边界认知的模糊。工艺史书写的目的是呈现工匠手艺的技艺史，它主要属于艺术史的范畴；科学史的研究涉及的是科学本质、理论与结构的历史，它基本属于自然科学史的范畴。因此，如果通过将工艺史和科学史加以区分而发现技术史的学术研究办法，在一定程度上呈现出来的研究结果只能是避开了技术史本身的实质问题，进而让技术史书写沦落为一般历史研究或科学知识研究，却放弃了技术史本身所关联的实质性理论问题。实际上，对于学者而言，寻找界限是研究过程的首要工作，在一定界限性知识体系中工作是研究者的根本认识论选择。或者说，包括技术史在内的历史书写需要一定的界限性认知论引领，否则将陷入无界限性的知识史海洋中，进而迷失研究对象的独立性与重要性，其研究价值与科学性必然遭到人们的怀疑。

在本质上，认识论，即范式。对技术史书写认识论的选择就是对技术史书写范式的确立，研究范式的确立是技术史书写的基础理论。没有范式的技术史书写是迷茫的，也是困难的。

一、界限的困境：工艺史、科技史与技术史

与其他专门史研究相比较，技术史研究是很不够的，研究团队与研究体量都很小，研究思想及其来源贫乏，技术史学科发展也不是很充分。除了技术史研究学者少之外，这恐怕主要归因于技术史研究面临诸多结构性与制度性的困境问题。在结构性层面，匠作技术史、人文技术史和工程技术史研究的失衡现象是普遍存在的，尤其是对中国匠作技术史的研究几乎还停留在一般历史学研究层面；在制度性层面，欧洲技术史研究主要停留在近代科技史层面，这主要受到近代欧洲科学革命以及资产阶级工业制度的影响。中国古代的学术制度对学者的历史视野、理论范式与方法思维的选择也有明显的偏向，致使很多技术史知识体系被搁置在中华文明史之外，或零星地出现在部分考工著作中，如《考工记》（春秋战国）、《齐民要术》（北魏）、《梦溪笔谈》（宋）、《农政全书》（明末）和《天工开物》（明末清初）等技术史著作。当然，中国技术史研究滞后和世界上其他国家技术史研究滞后的原因是相同的——作为一个学科史体系研究是很晚的。实际上，直到18世纪70年代以后，技术史研究才逐渐走入人们的学术视野。技术史成为独立学科体系的研究对象不仅出现得很晚，而且技术史与工艺史研究还始终没有走向独立自主的研究。直至19世纪，技术史作为一门独立学科才得以出现，技术史研究也才进入一个新的研究阶段。但是此时的技术史研究还存在这样的问题：技术史通常作为科学技术史的"附庸"出现，即在"科学技术史"的书写体系中旁及技术史研究。因此，过去人们对技术史的研究存在两种写作界限性混淆：一是未能将技术史与工艺史分开；二是技术史与科学史混淆。这两种技术史书写习惯不仅降低了技术史研究的独立性，而且无法彰显技术史本身存在与发展的重要性。

1. 技术史与工艺史的混淆

在学科属性上，技术史与工艺史有着明显的学科性差异或知识体系的差异，尽管工艺史也兼谈技术史，但工艺史所论及的技术史与纯技术史知识体系中的技术史是有很大差别的。工艺史中的技术史书写是为阐释工艺本身而服务的，技术史的独立性与完整性受到严重挑战。很显然，在知识体系内，

技术史与工艺史的混淆容易迫使技术史沦落至艺术学或美学领域，从而降低技术史在社会文明史中的地位与价值。更为严重的问题是：工艺史在过去的历史书写习惯中严重缺失主体论思维，也就是说把工艺史写成了"无名工艺史"。换言之，工艺史体系中的创造主体工匠或艺术家被遮蔽在工艺史知识体系之外。如此遮蔽的后果是将工艺史中的技术史写成了"无名技术史"，以至于中国技术史知识体系中的工匠或技术家被无限地遮蔽，即便如奚仲、墨子、蔡伦、毕昇、蒯祥等技术型工匠也只是大众眼中"熟悉的陌生人"。同时，人们也无法理解中国技术史在世界文明体系中的地位与价值，较容易形成以自我为中心的技术文明优越论或他者文明中心论。譬如当我们不了解苏美尔人陶轮技术（公元前 3500 年左右）④ 与中国跨湖桥陶轮技术（公元前 8000 年左右）⑤ 的时候，会很容易认为苏美尔人陶轮技术是世界上最早的轮子技术（目前很多技术史均持有这种观点），也容易形成奚仲⑥ 造车轮（夏朝）的文明优越论。因此，技术史与工艺史的界限混淆致使技术史沦落为工艺美术的附庸，降低了技术史的显赫文明史身份，遮蔽了技术史主体（工匠或技术家）的创造性与智慧。由此看来，技术史研究的原创性与主体性研究亟待加强，要从技术物向技术主体转型，从工艺美术（或设计史）中剥离，让自己有独立的话语体系和学术体系。

技术史与工艺史混淆的部分原因在于技术史研究队伍的构成思想来源的贫乏。在研究队伍中，中国的技术史研究向来被纳入美术史、艺术史和工艺史等领域，而这些领域的专家或学者自身的学术背景以及研究兴趣点决定了他们的技术史只是以一种附庸形式出现，加之研究者本身也没有技术知识体系的学养与储备，其研究思想自然就局限在技术本身之外的美术、艺术和工艺等领域。因此，中国技术史研究体量小、人员少和研究不足，不是学者不愿意研究或没有深入研究，而是专业研究者群体本身就很少，非专业研究群体研究技术史是有思想及其来源缺陷的。换言之，技术史研究和工艺史研究的混淆既有研究队伍构成的原因，也有思想及其来源贫乏的原因。

2. 技术史与科技史

技术史和科技史的混淆也毋庸置疑地降低了技术史的重要性，遮蔽了技术史的独立性。费尔南·布罗代尔在《十五至十八世纪的物质文明、经济和资本主义·第一卷·日常生活的结构：可能和不可能》中论及"技术史的重要性"，尤其是批评人们"对于农业技术所花的功夫还很不够，甚至连最起码的问题也没有讲透。几千年来，农业始终是人类的主要'产业'，但人们却往往把技术史当作工业革命的史前史来研究"⑦。这就是说，伴随着近代科学革命及其广泛的社会影响，人们较多地关注近代科学革命（17世纪）带来的技术发展，很少关注之前技术史或匠作技术史。显然，在科学技术史的书写体系里，技术史也只能作为科学史的附庸出现。

在知识性状上，技术具有显而易见的物质性、工具性和实践性特征，它与抽象性、理论性的科学有明显的差异。但作为附庸出现的技术史无形中就降低了它本身的独特社会功能与价值，技术史也必将逐渐消失于科学史之中。因为在科学史知识体系建构中，技术史显而易见地被忽略了一些重要的实质问题。正如约瑟夫·C.皮特在《技术思考：技术哲学的基础》中指出的那样："近来与技术活动关系最为密切的是科学。但令人遗憾的是，绝大部分对于科学与技术之间关系的讨论并没有给我们带来多大帮助。这在很大程度上归因于对知识本质尤其是科学知识本质的一系列假定。科学的目的是生产知识，科学哲学中的大部分工作是认识论的，也就是说，它涉及科学知识的本质、对科学的辩护、科学的结构以及与某种形而上学论题的联系。因此，如果通过将科学和技术加以区分而发现技术的定义，那么我建议应当按照技术自身的术语考察技术的认识论层面，而无须必然地将其与科学相联系。在科学与技术之间假定一些重要的联系其实是避开了实质问题。"⑧在此，约瑟夫·C.皮特既指出了科学与技术之间的混同无益于技术实证问题的考察，又指出了技术史考察需要从技术自身认识论层面展开的书写路径。

值得一提的是，技术史与科学史的混淆还直接导致了技术史本身的知识性状的遮蔽，正是由于技术具有自身的物质性、工具性和实践性特质，才使得技术能作为流动的、交往的和互鉴的对象存在。譬如丝路上的技术物的流动、交往与互鉴已然成为一种文化景观，这些技术物作为生活、生产与消费的工具被丝路沿线的国家民众所接受、交换与使用，进而在技术实践领域产生深远的影响，特别是在生活、伦理、艺术、美学、科学、制度等诸多方面产生了广泛影响。麦克卢汉在《理解媒介：论人的延伸》中这样论述："轮子造就了道路，并且使农产品从田地里运往居民区的速度加快。加速发展造成了越来越大的中心，越来越细的专业分化，越来越强烈的刺激、聚合和进攻性。所以装有轮子的运输工具一问世就立即被用作战车，正如轮子造成的都市中心一兴起就被用作带有进攻性的堡垒一样。人们用轮子的加速运动来组合并巩固专业技术。"⑨ 可见，轮子技术对社会集中、城市发展、专业分工和技术革新等领域产生了深远影响。如果将技术史纳入科学史视野，技术的物质性、工具性和实践性特质必然被遮蔽，于是很难出现全球的技术史或技术的全球史，也就无法看到技术在生活、伦理、艺术、美学、科学、制度等领域的影响。

3. 一般历史或科技史与技术史的混淆

上述两种书写最大的危机是混淆了一般历史或科技史与技术史的界限，或将一般历史或科技史与技术史等同起来。这种混淆主要是对技术史本身的范式理解出现了偏差。斯蒂格勒认为："技术史涉及的是超越各种技术之上的一般性技术本身。"⑩ 也就是说，技术史是超越一般历史的，但它绝非"特殊、孤立的技术史"。或者说，技术史是建立在一般历史之上的历史，并非是孤立的、零散的、单个的技术事件的组合，然而问题的困难是："只有在一个历史事件的统一体中才能构成一般性历史。"⑪ 这实际上是一般历史融入技术史的困难之处，即对一般历史事件的抽象是很困难的。这种困难可能出现技术史书写的三种维度：一是以"技术事件"为纽带，组织技术史书写内容体系，进而把技术史写成了"事件的技术史"；二是以"内生技术"为核心，撰写科学范畴内的"纯粹的技术史"，以至于把技术史写成了孤立的技术史；三是以"外生技术"为视角，将技术与社会联系起来，书写"普遍的技术史"。这三种技术史的书写维度各有长处，也各有偏狭。

首先，"事件的技术史"之优点在于通观核心技术、关键技术，而缺点在于忽视中间技术或基础技术，最后出现了基于事件的技术史观，以至于会得出"技术决定论"的技术哲学思想，因为这些重大技术事件确实决定或改变了社会发展的方向。但事实是，技术史始终是超越所有一般技术本身的历史，并非只是重大技术事件组成的历史。譬如人们对铁犁技术对欧洲的影响研究，容易夸大铁犁对欧洲农业革命和工业革命的影响，甚至认为铁犁技术是欧洲技术史上的一次重大事件性的技术。实际上，铁犁技术对欧洲的影响并非直接促进或改变了欧洲国家在农业和工业领域的原有形状，只是在欧洲

"内生性力量"作用下才与"外化性力量"结合，进而产生中国化的欧洲农业或工业革命。同时，"事件的技术史"的宏大书写容易遮蔽技术事件之外的诸多"小的技术史"，而这些"小的技术史"可能恰恰是"事件技术史"的基础。譬如小小的磨子技术，我们或许能在一般历史中见到，但在专业技术史中却很难见到它的身影。但中国的磨制技术从早期的石磨技术到后来的水磨技术，它所涉及的技术领域至少直接涉及食物技术加工（面粉、豆腐等）、水力利用技术（水能）、石头加工技术（石匠技术）、牵引力技术（如马拉磨）等，还间接涉及磨子宗教（以磨为崇拜物）、磨子经济（封建庄园主控制磨子加工而实施磨面缴费和磨子维护纳税政策）、磨子丝路（中国磨子传播世界）等社会领域。可见，"小的技术史"也是"大的技术史"，大的事件技术史是由小的事件技术史构成的，"抓大放小"的技术史书写也是存在一定缺陷的。

其次，"纯粹的技术史"，即"内生的技术史"或"内史"。主张内生的技术史书写观的，被称为"内生主义技术史观"。"内生主义"者的代表有 C. 辛格（Charles Singer）等。内生的技术史书写聚焦技术史内部知识体系的描述与研究，就技术史而言技术史，排除技术之外的自然、环境与社会的干扰。"内生主义技术史观"是典型的"学院派技术史观"，它的优点在于专注于技术内部系统的生成理论与发展逻辑，强调技术史的内部理论史书写。因此，这种书写常常出现在"科学技术史"书写体系之中，使得技术史成为科学技术史的附庸，进而降低了技术史的社会语境书写要求，遮蔽了技术史对社会发展的作用，忽视了技术史对人的全面发展的价值，容易形成"技术工具论"或"技术的科学主义"论调，进而也放大了技术理性在知识发展中的作用，这也使得"技术的人文主义"思想崛起而成为现代社会的世界性潮流。如何协调"技术的科学主义"与"技术的人文主义"书写也成为技术史书写的难处。

最后，"普遍的技术史"，即"外生的技术史"或"外史"。主张外生的技术史书写观，被称为"外生主义技术史观"。在技术史领域，"外生主义"者的代表有 L. 芒福德（Lewis Mumford）和 S. 吉迪恩（Siegfried Giedion）等，他们主张技术史不是孤立的技术史，是与社会紧密联系的技术史，是社会史的一个表现领域。"外史论"的观点看到了技术与社会的互动联系、技术对社会发展的推动作用以及社会对技术的影响机制。在科技史领域，李约瑟就提出了著名的"文明的滴定论"，即不同文明之间具有"滴定分析"一样的模式，亦即一种文明与另外一种文明相遇时，在社会共同作用下，两种文明之间能产生溶解反应。实际上，两种文明之间也绝非完全适用"滴定分析"或"溶解分析"，因为在特定社会语境下能产生滴定的容量是有选择性的，并非没有限制的滴定。换言之，技术对特定社会结构的影响作用是有选择性的，技术与社会之间的"滴定分析"并非适用于所有社会文明之间的互动分析。因此，一般历史与技术史书写存在很大的差异性限定。同时，还应该看到，"普遍的技术史观"容易形成"技术恐惧论"，即认识到技术对社会的反作用而产生的反技术论。譬如我们知道铁犁技术有利于拓荒与深耕，但铁犁也造成了土壤中大量生物的流失，更造成了诸如沙尘暴等对自然环境的破坏。戴维·蒙哥马利在《耕作革命：让土壤焕发生机》中指出："农民们喜爱耕犁带来的丰收，但是他们忽视了或者根本没有意识到犁耕带来的副作用。"⑫对此，戴维·蒙哥马利提出了免耕思想。再譬如中国先秦时期的老子主张技术控制论，因为老子担心技术会对社会构成一定程度的威胁。

简而言之，技术史与工艺史、科技史的书写界限混淆是典型的技术史书写困境，其根本原因在于没有区分一般历史与技术史的书写，也没有理解技术史自身的概念内涵与外延。技术史书写界限的混淆直接导致了技术史书写思想的贫乏，大大降低了技术史的学科地位与重要性，进而失去了技术史学科的话语体系与理论体系。

二、思想的赤字：几种技术史书写偏见

长期以来，技术史书写困境直接导致了技术史书写的思想赤字。从根本上说，导致这种书写思想赤字的根本原因在于技术史书写思想范式及其来源的贫困。在此，试分析几种比较有代表性的技术史书写的认识论偏见。

1. 孤立的欧洲文明中心论

在黑格尔看来，希腊文明是欧洲文明的来源，是世界上无与伦比的文明。这种欧洲文明中心论的思想直至20世纪才开始有人提出与之抗衡的

思想，如奥斯瓦尔德·斯宾格勒（Oswald Spengler）、阿诺德·J. 汤因比（Arnold J. Toynbee）、弗朗茨·博厄斯（Franz Boas）等提出了历史的文化或文明是相对的，并非以某一文化或文明为中心。在世界文明史叙事中，西方文明一直以来遮蔽或忽视了中华文明在整个世界文明体系中的价值与功能。实际上，基于欧洲文明中心论的西方学者不仅无视西方文明的流动性，也忽视了世界文明在流动中的资源重组和时空缔造的特质。正如埃里克·沃尔夫（Eric R. Wolf）在《欧洲与没有历史的人民》（*Europe and the People Without History*）中指出的那样："人类世界是一个由诸多彼此关联的过程组成的复合体和整体，这就意味着，如果把这个整体分解成彼此不相干的部分，其结局必然是将之重组成虚假的现实。"⑬ 换言之，欧洲文明中心论者或有将世界文明整体解体成虚假欧洲文明史的潜在危险。不过，约翰·霍布森（John Atkinson Hobson）、埃里克·沃尔夫等学者的"西方文明的东方起源"思想已然宣告了欧洲文明中心论的破产。在技术史领域，查尔斯·辛格（C. Singcr）、E. J. 霍姆亚德（E. J. Holmyard）及 A. R. 霍尔（A. R. Hall）等共同撰写了《技术史》（*A History of Technology*）；法国的多马斯（M. Taumas）编写了《技术通史》（*Histoire Generale des Techniques*），其副标题为"古往今来的进步"；苏联的兹渥累金等出版了《技术史》；日本的中山秀太郎撰写了《技术史入门》。他们均主张技术史书写是绝对静止的，在世界文明体系中各个国家的技术都是相对的，并非以欧洲技术史为中心。实际上，中国古代的磨子技术、轮子技术、纺织技术、陶瓷技术、指南针技术、火药技术、造纸技术等在欧洲的传播与影响，已经是驳斥那些欧洲文明中心论的最好证据。同时，伴随着苏美尔人、叙利亚人以及玛雅人等古代技术文明的发现，孤立的欧洲文明中心论也不攻自破了。包括技术文明在内的世界文明绝非静止的，而是不断流动的。因此，技术史书写采用孤立的、静止的方法论存在着巨大的风险与悖论。

　　从更深层次上分析，孤立的欧洲文明中心论的技术史或文明史的书写有明显的政治化意图，即将技术史纳入政治史研究范畴之内。这样做的风险在于无形中绑架了技术史书写走上国家功利主义道路，否定了他者技术文明的存在，将自己的技术文明陷入孤立之中，最后导致自己的技术史书写思想越来越受限制，无法获得人类技术史本来的历史原貌。

2. 绝对的功利主义

在中国，绝对的功利主义技术史观是存在的，这是毋庸置疑的。如果学术思想与学术功利绑架在一起，学术的独立性与社会价值则会遭到怀疑。然而，学术史书写的功利主义存在巨大的隐蔽性，也存在某种制度性和社会性的"自我正当性"。譬如当学者穷尽中国技术史或欧洲技术史上对全球文明产生重要价值的技术谱系之后，很有可能会产生中国技术文明优越论的思想，即所有材料或指向证明中国技术文明的全球身份与价值，并显示出自我文明的优越感，进而把自我技术文明史写成了"技术赞美史"或"技术优越史"，这是典型的技术史书写的功利主义思想。

功利主义技术史书写具有显而易见的偏见，它无视技术的全球分异，也无视技术的全球传播，这是显而易见的学术短视行为。譬如，如果你只是看到火药技术、罗盘技术、印刷技术、鼓风技术等在中国的原创性技术粒子的书写，没有看到这些技术在全球传播中的技术升级、技术转换、技术迁移等技术发展，或许就很容易陷入中国技术优越论的书写之中。因为在全球视野下，技术迭代发展与升级往往不是在一个国家和地区展开的。譬如中国早期占卜风水的罗盘技术被传播至欧洲的时候，欧洲人将罗盘技术使用到航海以及殖民扩张之中，进而大大改进了罗盘指南技术的装置与水平。然而，罗盘指南技术被传播至日本使用一段时间之后，原来使用在木船上的罗盘指南针已经开始不能适应日本的铁船了，于是日本人又对指南针技术做了科学改进。由此可以看出，绝对的功利主义技术史书写主要是全球思想或视野的匮乏，最终会在技术赞美史中迷失自我技术史，无法深入理解人类技术史的实质问题。

3. 狭隘的文明优越论

在地理空间与社会制度的影响下，中外历史上的文明优越论是长期存在的。譬如在早期中华文明体系中，大汉民族中心主义、中原王朝中心主义、农耕文明中心主义等思想是普遍存在的。在此思想影响下，包括中国技术史在内的文明史则毋庸置疑地被写成了"尊王攘夷"的单一汉民族的历史，譬如当前现有的美学史、技术史、艺术史、美术史等都毋庸置疑被写成了汉民族的美学史、汉民族的技术史、汉民族的艺术史、汉民族的美术史等，所有这些历史研究也被写成了大陆历史中心主义的历史，诸如海洋文明、森林文明、高原文明等也就被遮蔽了。在此文明史下，农耕文明史被无形放大和聚焦，就像巨大的文明聚光灯一样，照亮了农耕文明的历史，而在农耕文明周边则是一片黑暗区域。可见，狭隘的文明优越论书写思维是具有很大局限性的，其思想来源在时间、空间与场域上都是贫困的。同样，欧洲的文明优越论也普遍存在，古希腊文明、基督教文明和近代欧洲科技文明是欧洲技术史书写中最为常见的文明优越论表现领域。"言必称古希腊"（欧洲文明之源）、"信仰上帝"（拯救世界）和"欧洲科技引领世界"（中国科技缺场）是西方人书写技术史的基本认识论，以至于出现了狭隘的欧洲文明中心论的基本立场，并产生了技术史书写意义的危机。

概言之，上述技术史书写的偏见在于学术研究路径与视界单一化、狭窄化与静止化倾向明显，学术目标过于强调绝对的功利主义，学术创新只专注于狭隘的文明优越论，最为主要的是研究思想及其来源贫乏，进而出现了技术史书写的诸多危机。

三、可能的援引：新范式及其意义

技术史的书写困境实际上是技术史书写认识论或研究范式的困境。没有认识论的技术史书写是危险的，它极其容易导致技术史书写走向平庸化的材料堆积和粗鲁的黏合。对于技术史研究而言，它的研究认识论范式直接决定了其研究意义。因此，技术史书写需要援引或注入必要的研究范式及其核心要素，以解决技术史书写的诸多困境。针对上述现有的技术史书写难题，可从技术的全球史、技术的社会史和技术的交往史等视角援引可能的书写范式，以期获得正本清源、格物致知和知往鉴今的技术书写路径。

1. 从全球史视角理解技术分异：正本清源

从全球史视角理解技术，即从"技术全球史"范式理解技术，以缓解或减少对技术区域史研究的过分"优越"与"自豪"。因为在全球史视野研究中发现，区域技术史相加并不能构成全球技术史，每一个区域的技术史俨然是全球范围内的技术迭代发展史，或螺旋上升发展，或断点升级。譬如古印度骑士阶层发明的马镫技术在全球的传播就显示出全球技术迭代发展模式的特征。伴随中印丝路交往以及佛教文化在中国的传播，印度的布质或皮质马镫很快传至中国北方，匈奴人或蒙古人在接受了印度马镫技术粒子之后，很快在工艺上和材料上做了技术改进，于是发明了中国式的铁质马镫。中国马镫技术经过中亚和西亚传至欧洲之后，欧洲人逐渐将铁质马镫改进为钢质马镫。很明显，在全球范围内的马镫技术的流徙与改进中，能够看到马镫技术的源流性历史脉络，也能看到马镫技术在各国的差异性发展，并在各个国家和地区板块中呈现出断点式发展。

相对于抽象的科学史而言，技术史具有显而易见的物质性的特征。就物质而言，技术的物质性依附决定了技术从来就不是静止的，因为被消费的物质从它诞生的那一刻起就始终处于运动之中。譬如罗盘技术是属于中国的，也是属于世界的；轮子技术属于苏美尔人，也属于欧洲民众。因此，对于技术史的意义探索离不开对技术物的流动性的考察，那么，技术全球史必将是技术史研究的重要路径或范式。在技术全球史视野下考察技术或技术物，有助于澄清该技术或技术物的源流，即做到"正本清源"；否则我们的研究会局限在较小的空间范围，成为"井底之蛙"式的研究，如此容易陷入民粹主义的技术史书写困境，即容易在对本民族技术文明的自夸与自大中迷失方向，甚至会陷入文明中心论的窘境。

在理论上，技术或技术物的"事件意义"将技术断点、板块和差异聚合到一起，进而形成技术事件意义的网络、板块与共生。在此，技术的全球史范式涉及的书写核心要素有"断点—网络"（断点化网格）、"板块—整体"（板块式整体）、"差异—共生"（差异中共生）等。这里需要阐释三个概念：断点、板块和差异。其一，所谓"断点"，包括历史性断裂点和空间性断裂点。所谓"历史性断裂点"，指的是技术事件的历史并非直线发展的，而是以历史断点模式向前发展；"空间性断裂点"，指的是技术迭代发展是以非连续空间为发明特征。譬如印度的马镫技术在中国和欧洲得到了很好的利用，但在阿拉伯就没有显示出马镫技术的有效性。同时，马镫技术在汉代传入中国之后没有引起注意，也没有得到很好的发展利用，到了魏晋南北朝的时候，马镫技术才得以广泛使用，并在战争中发挥出巨大作用。但无论是历史性断裂点，还是空间性断裂点，马镫技术都在全球形成了点状的网格化分异，并

发挥着互动、互联与互鉴的作用。其二，所谓"板块"，指的是技术的全球
分异是板块式的存在，板块与板块之间是有很多"沟壑"的。也就是说，技
术的全球史并非一个完整的构件；因此，理论上的技术全球史并非在空间上
具有衔接性与整体性。譬如磨子技术在全球的分异，中国磨子技术（传播至
东亚和东南亚）、欧洲磨子技术（欧洲人从东南亚带回）和南美洲磨子技术
（葡萄牙殖民者带去的）并非具有直接联系，尽管它们之间存在着联系上的
"沟壑"，但全球磨子技术还是存在"整体"意义上的共同价值，即磨子在
全球发挥了在饮食文化（磨谷物）、伦理文化（磨子崇拜）、经济文化（磨
子经济）、制度文化（磨坊制度）等层面的巨大价值。当然，通过技术的"板
块"也能看到技术内部的深层次制度、文明与精神，就像看到"斑块"一样
的特征区域则见出皮肤组织内部的机理与细胞那样。因此，在全球史视角，
看到的技术板块绝非孤立的或表层的，而是已然从技术史外部深入到互动的
和深层次的技术史内部。其三，所谓"差异"，即分异，指的是技术在全球
的分布与使用是差别化存在的，并非绝对统一的标准化存在。譬如中国磨子
技术在全球的传播与使用具有明显的分异性特征，中国磨子技术传播到了东
南亚，东南亚开始使用磨子加工谷物，进而改变了东南亚的农业种植方式（开
始种植可以磨的小麦）和饮食习惯（面粉食物增多）；中国磨子技术被传播
至欧洲国家，使英国中世纪的寺院经济产生了深刻的变化，其中磨坊经济成
为他们控制僧侣、农民的一种手段；中国磨子被传播至南美洲，它们（如巴
西）用磨子技术发展蔗糖经济，进而深刻影响了南美洲的经济水平，甚至因
吃蔗糖而改变了身体结构。同时，全球各地为了适应自己的社会、经济、农
业的发展，也相应改变或革新了中国磨子技术。尽管全球磨子技术存在很多
技术和使用上的差异，但是它们的共同技术粒子来自中国磨子技术。换言之，
技术总是在差异中共生的。那么，对于技术史的书写也要从全球分异中发现
共生规律，找到一般技术历史之上的技术史。

2. 从社会史视角理解技术意义：格物致知

从社会史视角理解技术，即从"技术社会史"范式理解技术。"技术—
社会论题"是技术史上经久不衰的研究范式，它通常从"技术的社会意义"
和"社会的技术意义"两个视角来探讨技术的社会史价值。前者容易产生"技

术决定论"（技术决定社会发展），后者容易产生"技术恐惧论"（技术对社会产生反作用）。

实际上，相对于理性的科学史而言，技术史具有毋庸置疑的实践性特征。就实践而言，技术的实践性指向表明技术从来不是独立于社会系统之外的，它总是与社会系统中的经济、政治、制度和伦理等建立起稳固的结构关系。譬如磨子技术形成了欧洲中世纪的教会经济，造纸技术革新了欧洲的宗教制度，鼓风技术加速了欧洲农业改革，罗盘技术影响了世界的伦理关系。从技术社会史的视角考察技术或技术物，毋庸置疑地能对技术理解做到"格物致知"的系统意义效果。要明鉴技术物在社会发展中应有的作用与功能，否则对技术史的研究容易陷入"就技术而技术"的"技术决定论"或"技术恐惧论"的危险境地，导致夸大或缩小技术的社会意义。

在理论上，在"外史"中找到"内史"的意义，是技术史书写的必然路径。技术与社会关联是由技术及其技术物的实践性决定的。没有印度骑士制度，也就没有马镫技术的萌芽；没有马镫技术，欧洲骑士阶层也就不会出现。没有中国魏晋时期的南北战争，也就没有马镫技术在中国的定型；没有阿拉伯人和蒙古人等西传马镫技术，也就很难有欧洲马镫技术的引进与使用，并由此催生出封建制度的萌芽。很显然，技术史的外史和内史是统一的。于是在研究技术的社会史的时候，至少要涉及的核心要素是"技术—经济""技术—政治""技术—制度""技术—伦理"等。就经济、政治和制度而言，技术史与它们的关联与交融是显而易见的，这里重点阐释一下"技术—伦理"的要素。

这里的"技术—伦理"要素至少包含三层技术史书写要义：技术的伦理、技术物的伦理和技术景观的伦理。其一，在技术的伦理要义层面，技术史的书写要揭示技术在协调、支配或影响人与人之间的社会关系史。譬如早期的罗盘技术在宗教仪式、风水占卜以及方位确定上就协调了人与自然的关系以及人与人的伦理关系，后期的罗盘指南技术在引导人们的航海行为、殖民扩张和新大陆的发现等领域就发挥了重大的伦理意义上的作用，改变了全球人们之间的交往与交流关系，也加速了全球国家和民众的交往进程与传统伦理关系的解体。其二，在技术物的伦理要义层面，技术史的书写旨在呈现技术物之间的伦理以及技术物与人之间的伦理。在技术粒子层面，技术物的技术绝非孤立存在的，它总是以某一基础技术粒子为基础而逐渐迭代展开。譬如战国时期的铸铁技术很快引发鼓风技术的发展，而鼓风技术的进步则影响到铸剑技术、农业技术（生产工具）以及军事技术（战争武器）的变革，进而进一步加速了诸侯国家的兼并速度以及国家统一的进程。换言之，铸铁、鼓风炉、宝剑、农具、武器等技术物的出现改变了社会伦理关系，技术物在推进社会及其伦理的发展进程上发挥了巨大的作用。其三，在技术景观的伦理要义层面，技术史书写要在技术和技术物的"场景景观"中发现潜移默化的伦理价值。譬如生活在基于古典建筑技术景观中的环境、语境和场景，人们对这种技术景观的文化熏陶、美学吸收和浸染无疑改变了环境伦理质量，诸如江南园林、皇家园林、民间宅院等技术景观中的伦理关系及其所形成的伦理质量是具有明显的差异的。换言之，由技术景观所生成的技术文化或技术文明是不同的，也显示出技术景观在伦理层面具有一定的教育意义和文明意义。

概而言之，技术的伦理书写就是对技术的理性思考。理论思考是为技术发展制定"规则"或"标准"，以保证技术在合法性和合理性的正确轨道上发展。对技术的伦理思考也是对技术处于相对"混乱关系"时的"拨乱反正"，并拥有正当的"知识产权"。

3. 从交往史视角理解技术互鉴：知往鉴今

从交往史视角理解技术，即从"技术交往史"范式理解技术。在全球视野下，技术与技术物是流动的，并在流动与交往中实现文化和文明的互鉴，进而发挥技术的全球价值。

在马克思交往理论视野中，全球技术或技术物的交往不仅是物质交往，还是思想交往或文明交往。因为技术物是一定艺术、文化与美学的技术物，而绝非单纯技术的存在物，它包含技术物创造者及其国家和地区的制度、思想与文化。因此，这样的技术物在流动过程中必然会产生思想的流动和文明的流动，进而改变技术物原有的技术景观及其文化含义。譬如中国扇子技术物在欧洲传播的时候，欧洲人将扇子运用到宫廷、艺术、绘画和交往之中，进而产生了中国化欧洲扇子美学思想。

在技术的物质性和实践性的支配下，技术史具有潜在的文明性与教育性的特征。就文明性而言，技术对于人类的行为、习惯、思想等具有显而易见的影响作用，以至于对经济、政治、生活、制度与环境等多种文明样态产生深远的影响。那么，技术文明史研究必然成为技术史研究的重要路径或范式。但就教育性而言，技术或技术物的存在为他者学习提供了示范，在全球流动中的技术或技术物必然成为文明互鉴的对象。换言之，技术文明史研究的最终目标旨在建构一个技术文明共同体的愿景，否则技术史的意义会局限在技术本身之上，而淹没技术史之外的文明意义与教育意义。

"知兴替"是技术史研究的价值目标之一，因为"以史为镜"是技术史研究的意义旨归，为未来"正衣冠"需要技术史。对此，从交往史的视角理解技术，技术史书写将会产生"交往—交流""交融—涵定""互鉴—共同体"等核心要素。这些要素的关键要旨是基于互鉴基础上的"技术共同体"，它是技术史书写的学术使命，即找到那些在技术史上曾经发挥过巨大作用的技术共同体。譬如在技术史研究中发现，磨子技术共同体、轮子技术共同体、鼓风技术共同体、罗盘技术共同体、耕犁技术共同体、马镫技术共同体等在全球范围内发挥了意义深远的影响。那么，这些经典的匠作技术为何在全球交往中发挥了巨大作用，又是如何在全球交往中实现技术价值共享与互鉴的？这就是交往的技术史要研究的内容，以期为当代技术的全球交往提供史学支撑与依据。不过，"技术共同体"永远是技术史研究的一种学术理想，因为很多技术的全球共享还存在制度性与安全性障碍，人类的自我保护主义和敌对思想决定了人们是永远不会开放所有技术领域的。

综上所述，对于技术史研究而言，认识论范式直接决定了它的研究意义。从全球史视角阐证技术的全球分异看，则能做到对技术理解的正本清源之意义，明确技术在全球史中的源流、身份与地位；从社会史视角阐证技术的经济、政治与制度的功能看，则能做到对技术理解的格物致知之意义，以期理解对技术在社会系统中的作用；从交往史视角阐证技术的交往、交流与互鉴看，则能做到对技术理解的知往鉴今之意义，以期获得应该有的研究启迪与价值。一言以蔽之，技术史研究的意义跟研究者对技术史认识论范式有密切关系。研究者拥有什么样的认识论，他就有相应的研究思想及其框架结构，进而深度影响研究者对技术史理解的意义，也影响到技术史本身的意义客观再现。进一步说，技术史理解的意义和技术史本身意义的相对完整叠合需要有效的认识论范式援引与跟进。

注 释

① 譬如杨永生编《哲匠录》（中国建筑工业出版社 2005 年）所录诸匠，肇自唐虞，迄于近代，凡于工艺有所贡献均录。本编分 14 类，即营造、叠山、锻冶、陶瓷、髹饰、雕塑、仪象、攻具、机巧、攻玉石、攻木、刻竹、细书画异画、女红，每类之中又分子目。故凡所引据，附录原文。汇集了中国古代至民国以来建筑师传略，但对传统匠作技术史书写主要还是基于工艺史视角。

② 譬如卢嘉锡总主编和金秋鹏主编的《中国科学技术史·人物卷》（科学出版社 1998 年）是通过对中国和西方科学技术进行大量具体的分析和比较，全面而又系统地论述了我国古代科学技术的辉煌成就及其对世界文明的重大贡献，其中谈及的中华工匠技术主要是从科学技术的视角论及，技术史书写或被搁置在科学史的附庸位置上。

③ 譬如吴启迪主编的《中国工程师史》（同济大学出版社 2017 年）从"工程师"的视角，较为详细地记录了古往今来冶金、建筑、水利、纺织、通信、道路与桥梁、机械、能源、空间技术、船舶、计算机等领域百余项中国重大工程技术史，其中不乏工匠技术史之记载。譬如第一卷《天工开物：古代工匠传统与工程成就》记载了中华古代工匠传统技术工程活动。

④ ［英］罗宾·克洛德等：《全世界孩子最爱提的 1000 个问题》，邱鹏译，哈尔滨：黑龙江科学技术出版社，2007 年，第 263 页。

⑤ 浙江跨湖桥遗址出土的公元前 8000 年左右的陶器，显示出中国先民制陶的历史比苏美尔人还早，更令人惊奇的是出土了一件木砣形慢陶轮，这件陶轮可能是目前世界上轮制陶器的最早证据。

⑥ 夏朝伊始，传说奚仲开始造车。《左传》记载："薛之皇祖奚仲，居薛，以为夏车正。"奚仲是东夷古薛国人，相传他是黄帝的后裔。夏禹之时，因车正奚仲造车有功，被封地在薛地。《新语》记载："奚仲乃桡曲为轮，因直为辕，驾牛服马。"《新语》尽管是根据前人之转述，但这句话却道出了奚仲所造之车的关键技术，即桡曲为木轮、直辕和牛马牵引。尽管至今未见这位夏朝人奚仲的造车实物，但《山海经》《左传》《史记》《汉书》中多有史料记载这位造车工匠。

⑦ ［法］费尔南·布罗代尔：《十五至十八世纪的物质文明、经济和

资本主义·第一卷·日常生活的结构：可能和不可能》，顾良、施康强译，北京：商务印书馆，2017年，第527页。

⑧［美］约瑟夫·C.皮特：《技术思考：技术哲学的基础》，马会端、陈凡译，沈阳：辽宁人民出版社，2012年，第1页。

⑨［加］麦克卢汉：《理解媒介：论人的延伸》，何道宽译，南京：译林出版社，2011年，第213页。

⑩［法］斯蒂格勒：《技术与时间1：爱比米修斯的过失》，裴程译，南京：译林出版社，2012年，第33页。

⑪［法］斯蒂格勒：《技术与时间1：爱比米修斯的过失》，裴程译，南京：译林出版社，2012年，第34页。

⑫［美］戴维·蒙哥马利：《耕作革命：让土壤焕发生机》，张甘霖等译，上海：上海科学技术出版社，2019年，第54页。

⑬［美］埃里克·沃尔夫：《欧洲与没有历史的人民》，赵丙祥、刘传珠、杨玉静译，上海：上海人民出版社，2006年，第7页。

第一章
-
如此巫工
——诗性的陶画

对史前陶画考察认为，史前陶工或是由神巫承担。"由巫化工"的传统把史前陶器的可视觉化图像引向象征意义深处，并明显具有神巫的思想性特质。在史前陶画创作中，史前陶工通过极简的线条和色彩勾勒了被转译的实在意向，传达出"缺场"的思想性内容，展现出史前人类的仪式心理、行为结构和族群伦理，彰显了史前陶工的诗性智慧与视觉图像传达能力，也见证了史前工匠在工具制造以及书画材料等方面的技术成就。

一直以来，史前文化或中国工艺文化研究都有一个致命的传统，即"重器轻人"。这种研究定式一方面来自前辈研究者及其方法的传统惯力，另一方面来自"见物不见人"的思维陋习。对于史前文化而言，古物是古人之物，古物不过是古人之"附属品"或"工具"。离开古人去研究古物是本末倒置的，也是有风险的。这样的风险或已形成，或正在危及文化史的生命以及文化精神的传承。譬如工匠精神的失落与"重器轻人"的传统不无关系。一切艺术史或工艺史研究必须首先回到"工匠"本身上来。因此，在未展开论述之前，首先要提出与本文密切相关的两个前提性理论观点：

一是史前陶工等同于"原始艺术家"，史前陶工也应该都是"原始艺术家"。在身份上，史前陶工扮演了器物手作的原始陶瓷艺术家角色，尤其是创造了辉煌的原始彩陶艺术。抑或说，史前陶工就是原始艺术家。在原初意义上，原始工匠和艺术家的边界是混同的，并没有严格的界限与区隔。陶工在陶瓷及其原始艺术创作中扮演了"匠人""艺人""神巫"等多重身份，并没有人为意义上的（生产）分工或（意识）区分。应该说，在西周社会以前，原始工匠在整个社会中扮演了重要的角色，承担了史前社会的工具发明、器物生产、材料加工以及所有日常所需要的物质生产的重要匠作任务。

二是史前陶工特别善于"说谎"，近乎是"说谎的艺术家"。在艺术表达策略上，史前陶工的视觉图像偏向于"缺场表达"，即艺术表达的思想性均被隐匿于图像之中。或者说，史前陶工的视觉图像语言的"实在表达"习惯潜伏于形式符号之中。陶画成了史前陶工观念和思想的寓所，它或遮蔽了原始工匠本来要描述的真实，或在手作中有意或无意地在"形式上说了谎"。无论史前陶工是因为视觉图像表达技艺的"原始缺乏"（或因工具、材料以及智慧的缺乏而导致），还是陶工视觉图像表达的"无意选择的有意"，史前陶工图像似乎都在指向一个"说谎"的事实。

这两个观点所延伸的理论意义空间是: 前一个观点旨在说明史前陶工和艺术家是同源的, 没有分工意义上的严格区分, 也没有意识形态领域的区隔; 后一种观点暗示了史前陶工传达出艺术本体论的源头哲理, 即艺术是一种不真实的转译呈现。也或者说, 本源意义上的艺术是一种十足的思想性艺术。摆出这两种理论观点, 有助于阐释史前陶工视觉图像的思想性缺场 ("内容上的说谎") 和形式性实在 ("形式上的艺术"), 进而能澄清史前陶工艺术表达的一般原理及其机制。

在阐释学上, 史前艺术中的 "缺场" 与 "实在" 的图像叙事策略极为普遍。史前陶工在视觉图像表达中习惯于 "实在呈现" (形式性) 和 "缺场隐藏" (思想性), 进而使艺术作品显示出思想性的缺场表达迹象, 尤其是偏向于表现出图像巨大信息背后的转译体量。那么, 这些被消失的图像内容及其视觉主题也许就是史前图像 "缺场叙事" 与 "实在叙事" 之间的巨大张力, 史前陶工所展现的艺术魅力或许也全在于此。不过, 撇开阐释学, 在图像之外或史前语境下, 史前陶工图像表达本来的意味或许没有那么复杂, 而复杂的是阐释学本身及其阐释机制。这样说来, 对原始陶工图像表达之书写就带来两个方法论的问题: 一是 "我不是原始陶工", 即书写者要逃离书写对象主体, 以第一人称书写史前陶工艺术是错误的; 二是 "我不在场", 即书写者要回避在场性叙事, 即便是复原原始性场景也是不能主观设定的。譬如一些考古学家极其容易破坏墓葬现场空间及其空间性, 即破坏 "我不在场" 的在场关系。这两个问题对于书写者来说几乎是致命的, 以至于直接将书写者 "打入冷宫" 或 "变成哑巴"。为了解决这两个问题, 书写者费尽了心思, 寻找 "我是陶工" 和 "我在现场" 的证据链 "假象", 即找来能证明 "推断意义"[①] 的出土陶器以及相关空间在场的文献材料。于是, 图像学、文献学、考古学等学科领域的方法理论出现了, 进而才有历史学、文化学、艺术学等学科的存在。

尽管书写者有很多说明 "我在场" 的方法论, 并认为史前视觉图像的 "缺场叙事" 内含巨大的表达 "潜力", 即在 "实在图像" 中表达出无穷的 "缺场信息", 但很难认为史前陶工对视觉图像的 "缺场" 表达策略是自为的。因为可感之物的描绘难度以及史前艺术表达水平或许决定了 "缺场叙事" 思想性的存在, 但这种非自为的艺术表现策略却隐藏了另一巨大的艺术表达技巧——"留白"[②]。史前艺术形式上的 "留白", 在内容空间上产生了具有思想性的 "缺场"。对于形式上的 "空" 与内容上的 "缺", 研究者产生了极大的兴趣，也引起了不休的争论。譬如形式主义者（如海因里希·沃尔夫林）认为，意义空间上的"缺场"不应该成为艺术分析的焦点，应该多关注形式特性。因为他们（如罗杰·弗莱）普遍认为，艺术品致力于语境分析是危险的，艺术品也是无法回到缺场语境的。但图像学研究者（如潘诺夫斯基）认为，图像形式背后的象征和母题才是我们要寻觅的东西，尤其是体现寓意背后所昭示的文化语境中的概念、意义、内容等信息才是关注的焦点。然而，对于符号学研究者来说，史前图像就是"一个谜语"或"无头悬案"，任何图像中的"材料"都是"有意味的形式"（克莱夫·贝尔）或"有意义的结果"③。可见，有关图像阐释的分歧基本围绕"形式"（符号质量）和"内容"（思想事实）之间展开，它们之间的不可调和性也使得艺术史的研究方法正在挣脱已有的束缚而拓展至更多的跨学科领域。事实上，单纯地研究图像形式或阐释图像里的思想事实都不是阐释的终点。但有问题的不是"形式"或"事实"本身，而是这些形式或事实为什么用来或不用来作为视觉呈现的方式，其背后的思想事实或心理哲学是什么，或许是要寻找的答案，也是阐释者的工作与使命。

一、"谎言"：艺术解释的潜力

如何去阐释史前陶工图像艺术？我想，应该还是回到艺术形式背后的思想性上，即返回到陶工思想性的"谎言"里。因为一个真正的艺术家近乎是一个会说谎的"神巫"，尤其是画家所要表达的绝非图像形式本身，而是他要"抹去""缺场"的信息。原始陶工在"说谎"这一点上更擅长，他们在陶器上的绘画所展现的思想性是超越史前社会的。实际上，不会"说谎"的艺术家最多是自然的"抄写员"或"照相师"，也不能称其为艺术家。

毋庸置疑，在阐释层面，形式"实在"空间的思想性"缺场"表达常常会遭遇"误读"或解释空间的放大化，这是阐释者的一贯作风，即把简单图像复杂化。譬如1978年河南省汝州市（原临汝县）阎村出土了一件仰韶文化时期的彩绘陶缸，该器腹面略上位置绘制了一幅神奇的《鹳鱼石斧图》。学界对瓮棺上《鹳鱼石斧图》的解释大致执有以下七端：一是"巫术"说。认为《鹳鱼石斧图》中的鸟衔鱼和石斧属于当时巫术活动的重要器物。二是"图腾崇拜"说。认为《鹳鱼石斧图》反映了史前的图腾崇拜，衔鱼的白鹳向石斧神灵奉献祭品，意在祈求得到吉祥、丰收和安宁。三是"生殖崇拜"

说④。认为鹳鸟衔鱼象征男女两性的结合，石斧是男性的象征，石斧柄上画有一个"×"的符号是初民表达男女交媾多生男子的愿望。四是"女神原型"说。认为鹳鸟为再生女神，《鹳鱼石斧图》的象征意蕴是女神原型的图像组合。五是"氏族通婚"说。认为鹳鱼相连是两图腾氏族外婚制的标记，石斧是物质生产的象征，鸟鱼是人口生产的象征。六是"性爱隐喻"说⑤。禽鸟食鱼的性爱隐喻就源自这些图腾的结合图案以及其中所含的通婚意味。七是"纪念碑"或"墓志铭"说⑥。认为《鹳鱼石斧图》是史前氏族酋长的"纪念碑"或"功勋碑"，认为《鹳鱼石斧图》不是单纯的绘画作品，或如后世的"墓志铭"。上述观点大致有三种独立的图像解释路径：功能主义、情景主义和象征主义。

很明显，学界对《鹳鱼石斧图》的解释脱离了陶缸作为"葬具"的分析原点，也忽视了史前"二次葬"的葬俗的分析。实际上，"器物必须首先在聚落之中，作为聚落文化遗存的一部分而得到理解"⑦，任何单一的、孤立的图像功能主义或图像情景主义解读都容易造成图像与功能脱离、图像与情景脱节的解释误区。但不可否认的是，面对一幅"缺场"的视觉图像，批评家永远是"误读"的。因此，"以图证史"或"以史证图"的风险是巨大的，但不断地被"误读"或"误构"或为艺术本身的永恒魅力，即揭示"缺场"与"实在"之间的张力成为批评家的工作方式。不断地"误构"也为"他者"提供了解读视觉图像的方法论的路径。

但无论如何，史前图像的"思想性"是存在的。史前陶工的艺术一定是"思想性的艺术"。也可以说，任何艺术都是有思想力的，具有思想力的艺术才是真艺术。那么，艺术的思想力具体表现在哪？——绝非在形式上，而一定在形式背后的缺场空间。换言之，当史前陶工的视觉作品遭遇到"我们"解释的时候，一个具有思想性的缺场才是要阐释的空间。然而，这个"缺场"在陶工手作的时候，主要存在于心理空间中。也就是，史前陶工绘画关涉到一个心理哲学的问题。

二、由巫化工：史前图像系统建立者

在史前氏族中，到底是由谁承担了陶器及其图像的生产？譬如阎村彩绘陶缸及其《鹳鱼石斧图》的生产者是谁呢？应该说，史前工匠是史前氏族社会生活的创造者，也是史前文明的开拓者，具有极其崇高的地位。

根据考古发掘，史前陶工生产的陶器类型十分丰富，有陶罐、陶碗、陶豆、陶壶、陶杯、陶盆、陶鼎、陶纺轮、陶球、陶环、陶盂等。譬如广东新丰江新石器时代遗址 [⑧] 出土的陶器有印文硬灰陶碗、泥质黄陶碗、泥质黄陶罐；闽侯庄边山新石器时代遗址 [⑨] 出土完整的和能复原的陶器共有 42 件，其中多为陶纺轮、陶网坠、陶印拍等生产工具；广东宝安新石器时代蚌地山遗址 [⑩] 发掘有陶缶、陶尊等。史前的"陶器系"显示全国陶窑分布空间广、数量多、品类多，陶质主要有夹砂、泥质、粗砂、细砂、灰砂等。在色系区分上，有灰陶、褐陶、黑陶、红陶等。可见，史前陶工在材料、色彩及其绘画技术上已经显示出独特的智慧。

在绘画层面，史前陶工或已掌握了线性绘画艺术，并具有一定的艺术思想和形式技巧。那么，到底是由谁来承担陶器绘画工作的呢？承担史前艺术项目的陶工一定不是一般的陶工，一定具有某种特殊的绘画技能和思想潜质。从绘制《鹳鱼石斧图》的陶缸分析，这件作品的陶工与图像的"鹳鸟"或"石斧"可能有密切关系。如果说作品中的《鹳鱼石斧图》是一次丧葬仪式，那么，鹳、鱼和石斧就构成了史前社会最为核心的族群圈层，即鹳鸟或为巫师圈层，石斧或为权力圈层，鱼儿或为值得敬畏的成员圈层。那么，这三大圈层的史前氏族成员中谁是陶工呢？

从"工"字的词源学定义看，阎村史前陶缸及其绘画可能是"神巫"所作。《说文解字》曰："工，巧饰也。象人有规矩也。与巫同意。" [⑪] 巫是什么人呢？古代神职人员。《说文解字》曰："巫，祝也。女能事无形，以舞降神者也。" [⑫] 在甲骨文中，"祝"字像一个人跪着祈祷的样子，即祭祀女巫或其他神职人员，根据规模大小有大祝和小祝之分。那么，"巫"何以为"祝"呢？甲骨文"巫"字是一个象形字，它像女巫所用之道具，像两块横竖交叉的"玉"（"王"）之形。可能是因为古人以玉为灵性之物，认为它能测祸福凶吉之兆，所以甲骨文"巫"字由两块玉构成。女巫，即巫山上的神女，专职"以舞降神"，这种职业后来被称为"巫师"或"巫史"，也被称为"巫祝"。巫者所善其事，也必然有"工"之规矩。因此，徐锴注释曰："巫事无形，失在于诡，亦当遵规矩。故曰与巫同意。"可见，"巫师"或为"巫工"。"巫"之"诡"或"神"，是"工"之为"工"在行为、身份或职业上的基本规定。由此可见，《鹳鱼石斧图》的"鹳鸟"或为"神巫"，也即能够制陶及绘画的"巫工"。

"鹳"本是自然界中的猛禽，作为巫师的鹳鸟之族源或有两种可能：一是由《山海经》中所记载的讙头之国所推测。《山海经》云："讙头国在其南，其为人人面有翼，鸟喙，方捕鱼。"[13]二是鲧和炎融之后的鸟夷氏。《史记·夏本纪》载："禹行自冀州始。……鸟夷皮服。夹右碣石，入于海。"[14]在史前，鸟是少昊氏族的图腾。据史载，少昊（少皞）或为黄帝之子（玄嚣），即颛顼之父。那么，鹳鸟可能为少昊氏族的"巫师"，即鸟卜巫师。根据目前的考古发现，鸟卜巫师在青藏高原岩画中曾出现过两例：一例出自青海省的野牛沟岩画，另一例出自藏西日土县的鲁日朗卡岩画。另外，在河南信阳楚墓中出土的漆瑟上也见有鸟卜巫师。由此可以推断，《鹳鱼石斧图》之鹳鸟或为丧葬仪式中的鸟卜巫师，这位鸟卜巫师或为陶画的创造者。

实际上，这位史前工匠的鸟卜巫师不仅是陶器的制造者，还是史前图像系统的建立者。陶缸上的《鹳鱼石斧图》是形式性在场和思想性缺场相统一的图像系统，反映了史前陶工视觉图像系统构建的智慧和能力。

三、思想性：缺场的图像表达

作为巫师的陶工，在行为及其思想上带有某种"神性"，以至于巫师们所造的陶画也有某种"超然"的风格。从进化论视角看，史前陶工艺术在形式上的图像叙事是具有"儿童性"的，但在图像时间性或思想上却显示出深度的"成年性"。这个"成年性"绝非史前陶工的智慧水平表征，而是说明了史前陶工视觉图像表达的"早熟性征"，即超越史前的社会水平。

在心理意识层面，史前视觉图像已然超越了心理"素材"的界限，在近乎"诗性"的线条、画面上表达出"不在"的心理意向，即在"自然物中实现了自己的目的"（马克思）。譬如《鹳鱼石斧图》所留住的元素是鹳鸟、鱼和石斧，抹去的是所有与该元素相关联的思想性信息。如果说《鹳鱼石斧图》是史前氏族的一场丧葬仪式，那么，鹳鸟、鱼和石斧之间的复杂仪式链或互惠关系全然被"抹去"了，仪式链接背后的仪式观念或思想性更是被抹在形式图像之外。实际上，鹳鸟、鱼和石斧之间的"仪式程序"或这些"大人物"的"互惠原则"[15]是否能被人们解读，恐怕也只有史前陶工自己知晓，一切后人的解读所得到的"象外之象"或"意外之意"均可能不完全属于图像本身抹去的思想性信息。但有研究[16]表明，史前艺术家不太可能绘制广义的动物图像，而史前陶工视觉图像表达的心理素材显然比外在表现的图像素材要多得多，这就是史前"缺场叙事"的艺术魅力。

在文化哲学层面，史前视觉图像的"缺场叙事"隐藏了大量生活的、宗教的以及伦理的思想性信息，即迷恋"抹去"实际生活的"时间性"或"叙事性"，也包括自己的"身体性"及其行为动作。换言之，史前视觉图像既"记录"了历史文化，又"抹去"了诸多思想性信息。或者说，图像中只有物性，而没有物了⑰。譬如《鹳鱼石斧图》的时间性和叙事性是被遮蔽的。在时间性层面，这场丧葬仪式包含了物理时间、历史时间和灵魂时间在内的多种时间性缺场内容。譬如死者是何时死的、何时葬的、何时升天的等缺场性物理时间，它所反映的是史前历史时间节点上的丧葬仪式现场以及灵魂被引领上天的全过程。鹳鸟和鱼儿的身体参与及其仪式动作均在提示这被抹去的思想性信息，也暗示图像本身所具有的时间性内容。再譬如半坡人面鱼纹陶盆的图像叙事一定隐含着某种历史文化信息，鱼儿和人面之间的"故事链"或被抹去。这些被抹掉的图像思想性缺场成为史前艺术本身存在的理由及其魅力。

在社会心理学层面，史前视觉图像的"缺场叙事"遮蔽了独立图像背后的社会思想性信息，采用"象征"的视觉叙事手段"清除"了复杂的社会语境，但这些"缺场"的社会语境仍然潜藏在图像及其视觉结构之中。显然，史前视觉图像的初始功能是既服务"实在"的可视之现实物象，也表达"缺场"的不可视之社会内容。在功能和情景层面，鹳鱼石斧陶缸和半坡人面鱼纹陶盆的族群社会叙事功能是明显的，抑或反映出史前族群社会中的宗教仪式、生产活动与伦理结构。这些陶工所作的图像绝非仅仅停留在形式内容上，形式内容的本身应当被转译了。

简言之，作为神巫的史前陶工在视觉表达上的思想性"缺场"和形式性"实在"处理上是辩证的，也是统一的，即在"抹去"和"呈现"的取舍上整体地统一于图像空间，"完美"地表达了史前陶工视觉图像的思想性。也可这样认为，史前陶工的绘画或叙事认同形式极简的线条和色彩，在视觉物象的瞬间传达历史思想的永恒。更进一步地说，史前陶工在图像的形式性驾驭和思想性统领上是有智慧的。

四、形式性：实践的诗性智慧

反过来说，史前图像被"抹去"的视觉物象的东西，恰恰是图像形式本身的"实在"空间及其所昭示的真实思想。显然，史前视觉图像建构了真实的历史及其所有的记忆，只不过通过极简的形式或"缺场"的视觉图像"诗性"地表达出"实在"的意向。这种非凡的视觉图像表达方式显示出史前陶工的"诗性智慧"及其视觉传达能力。

所谓"诗性智慧"（詹巴蒂斯塔·维柯）是指史前陶工手作最初的艺术性表达智慧，即被感觉到的儿童般的富有形式节律的艺术表达智慧。史前视觉图像实在空间的缺场表达暗示了工匠内心的观念与思想，而绝非为了表达图像本身的实在。图像本身的实在不过是为了表达缺场思想的外在形式或符号，这似乎印证了毕加索的那句名言："艺术是一种谎言。"因为被可见的视觉图像不代表形式本真意向，而真正的缺场思想才是史前陶工所要表达的思想观念。即便是写实性图像，也隐藏着不为人知的缺场思想内容。譬如塔努姆岩画《史前捕猎》并非一场普通的捕猎事件，它或隐藏着整个捕猎情境中的行为、环境、动作、方向、技术、祭祀、圈套、弓箭、绳索等缺场性内容。实际上，史前陶工已然给艺术创作确立了诗性表达的界限与逻辑。史前视觉图像表达的这种界限就是在场与缺场的诗性界限，这种逻辑就是在场与缺场的关系逻辑。

在形式层面，诗性智慧不仅是静态的在场智慧，还是动态的缺场智慧。史前图像往往通过动作的连续性或行为的方向性表达静态画面的动态效果。在具体的陶器及其陶画的创作中，史前陶工"把本身固有（或内在）的标准运用到对象上来制造"（马克思）。譬如《鹳鱼石斧图》中"实在"空间的"缺场"表达就是动态化的再现，也体现出陶工的"固有标准"。鹳鸟的站立、鱼的垂立和面向均显示出静态中的动态表达。另外，鹳鸟衔鱼的在场图像也并非与可视化的视觉图像信息对等。显然，《鹳鸟衔鱼图》向人们呈现的图像形式是一种具有动态感的行为仪式，显示出创作者的"内在的"心理仪式。

在观念层面，"实在"空间的"缺场"表达标志着史前工匠的自我观念在艺术形式中获得新生，对于阅读它的"读者"来说，能理直气壮地说："我已经读懂了这幅画。"这简直是一种狂妄与自不量力。如果一目了然地就读出"鹳鸟"衔"鱼"的场景的话，这一定不是艺术。《鹳鱼石斧图》中"鹳鸟"衔"鱼"不过是唤醒了史前陶工的情感与思想，诱导出史前陶工的观念与意向，复苏了史前陶工的诗意智慧。因此，《鹳鸟衔鱼图》的艺术性思想永远存活于它的形式语言中，它的缺场内容已不是那么容易就被"溜走"的。"我们"

能读出的所有思想信息只不过是发现了这幅画的可能"缺场"，至于发现什么已然不是很重要了。

在策略层面，史前陶工的诗性智慧在史前视觉图像表达中已然得到了充分显示，并显示出视觉图像思维的路径——以己度物（人格化）或以物度物（类比）。譬如《鹳鱼石斧图》的诗性智慧就反映出史前陶工形象化的诗性思维。史前陶工通过鹳鸟、鱼儿和石斧的形象及其仪式动作，以人格化或类比化的方式表达出了丧葬仪式的大量缺场内容。也就是说，鹳鸟、鱼儿和石斧的形象可能是人类自我，或被认为是鹳鸟氏、鱼氏和石斧氏，至于这场仪式中的各种行为、动作、面向、祭祀等仪式动态要素，均是类比性的形象思维的产物。概言之，鹳鸟、鱼儿和石斧等这些想象性类概念及其类行为已经为视觉图像缺场阐释提供了诗性想象的空间。这些"类概念"或"类行为"也只有"沉没"于看似幼稚的图像形式"海底"，才能在形式上显示诗性智慧的魅力。

在感性美学层面，史前陶工视觉图像极具诗一般的感性之美。所谓诗歌的感性美，是指诗歌在节律和韵律上所展现的美。实际上，节律与韵律是诗歌感性美的两个系统（黑格尔），前者指向形式（时间值），后者指向情感（空间值）。也就是说，诗歌的韵律是情感在空间维度上的复现。对于史前陶工手创的陶画作品而言，外在的线条和色彩是创作者内心的思想性缺场所在，视觉图像中的"动作"和"距离"抑或是"诗行"和"节拍"，视觉图像中的思想性缺场被形式语言的诗性唤醒，而成为一种视觉图像中的"韵律"。所有这些"节律"和"韵律"均来自史前陶工的"感性"，感性的史前陶工绝非直观的图像表达者，而是感性意识的创作者。进一步说，感性意识是史前陶工诗性智慧的源泉，感性创造是史前陶工的诗性劳动。

在诗性智慧之外，史前陶工的感性创造是"真正的实证科学"（马克思）。他们的"感性意识"就是一种"实践意识"或"历史意识"。抑或说，从陶工的感性意识里同样能见出实践的、历史的文化信息。譬如在《鹳鸟石斧图》中，作品本身就是史前历史的"实证科学"的再现，其中的"石斧图"上显示的石、木和绳的构件就是史前"复合工具"（石、木和绳）技术出现的直接表现，这无疑暗示着史前工匠在工具制作及其加工思维上已然跨越了单一工具制作的阶段。或者说，史前工匠在石、木、绳的复合加工中已经萌生出整体结构思维。另外，在史前旧石器时代晚期，矿物颜料已无处不在[⑧]，史前陶缸"彩绘"的出现，也说明史前工匠对自然矿石的加工及应用技术已现端倪，也能连带性地证明史前早期的"旧式纺织纹样笔"（彩绘陶纹由纺织材料绘制）[19] 或已转向了"新型彩绘笔"（由木棍和纺织材料捆绑使用的笔）制造技术。

　　简言之，史前陶工或是由神巫转化而来的。由此，他们的视觉图像表达是在形式性的实在中表达思想性的缺场，具有神性般的表达智慧和艺术叙事天性。其策略是在"转译"中表现"思想"，在"表象"中暗示"意象"，在"形式"中隐匿"内容"，显示出史前陶工对图像视觉性表达的智慧及其对缺场性张力的驾驭，也显示出史前陶工独特的视觉图像传达或再现能力。另外，在阐释中发现并得出以下结论：

　　第一，在主体层面，史前陶工或等同史前艺术家（或由神巫兼任），史前陶工与艺术家的同源性告诫后世艺术家鄙视工匠的观点是愚蠢的，同时也暗示艺术创作本身就是工匠行为及其思想文化的延伸与继续。

　　第二，在手作层面，史前视觉图像的"缺场手作"显然具有本体论意义。在初始性上，史前视觉艺术或出于某种特殊的目的，或出于表现材料、能力的制约，工匠创造性的"发现"表达"缺场"的策略或是非自为的，图像背后大量的行为、动作、过程、程序、事理、礼仪等"内在观念"被"抹去"了，这也许是出于表达的需要或能力限制而出现的。不过，这些被抹去的"实在"当是工匠艺术家创作的真正目的，也就逐渐形成了艺术表达的习惯和传统。换言之，史前艺术家已然给人类艺术的创作奠定了初始基调——艺术是说谎的艺术。这种艺术手作宗旨显然具有本体论意义，即为后世的艺术发展提供了哲学意义上的功能观或目的论。

　　第三，在阅读或批评层面，史前视觉图像的"缺场呈现"为"我们"提供了一种"缺场批评"或"缺场阅读"的方法论。史前视觉图像批评的立场必须以缺场批评为基点，力求通过缺场背后的图像功能和情境的中观分析路径，有限地接近史前图像本来的知识图谱。

　　对史前陶工视觉图像表达的思想性缺场与形式性在场的分析，不仅有助于我们对史前视觉图像史或工匠手作史的研究，还能增益于当代陶瓷工匠或陶瓷艺术家的视觉图像的思想性表达，亦或能启迪当今设计艺术家的装饰设计及其文化表达。

注　释

① Conkey M.W., "Prehistoric Art", *International Encyclopedia of the Social & Behavioral Sciences*, 2015, p.824.

② 在后世的中国绘画图像艺术里，这种"缺场隐藏"的视野策略几乎成为艺术叙事的定律。当然，也被引入建筑、戏剧、舞蹈、设计、服装等诸多艺术领域。

③ ［美］安·达勒瓦：《艺术史方法与理论》，李震译，南京：江苏美术出版社，2009 年，第 42 页。

④ 胡建升：《女神原型的图像组合——〈鹳鱼石斧图〉的文化象征新探》，《民族艺术》2011 年第 4 期，第 103—109 页。

⑤ 廖群：《先秦两汉文学考古研究》，北京：学习出版社，2007 年，第 152 页。

⑥ 唐朝晖、罗文中：《千古画谜：中国历代绘画之谜百题》，长沙：湖南人民出版社，2009 年，第 47—49 页。

⑦ 周星：《史前史与考古学》，西安：陕西人民出版社，1992 年，第 274 页。

⑧ 杨豪：《广东新丰江新石器时代遗址调查简报》，《考古》1960 年第 7 期，第 31—35 页。

⑨ 陈仲光、林登翔：《闽侯庄边山新石器时代遗址试掘简报》，《考古》1961 年第 1 期，第 40—45 页。

⑩ 莫稚：《广东宝安新石器时代遗址调查简报》，《考古通讯》1957 年第 6 期，第 8—15 页。

⑪ （汉）许慎撰，陶生魁点校：《说文解字》，北京：中华书局，2020 年，第 152 页。

⑫ （汉）许慎撰，陶生魁点校：《说文解字》，北京：中华书局，2020 年，第 153 页。

⑬ 谷瑞丽，赵发国注译：《山海经》，武汉：崇文书局，2015 年，第 171 页。

⑭ （西汉）司马迁：《史记》，北京：中华书局，1982 年，第 53 页。

⑮ ［美］布赖恩·费根：《世界史前史》，杨宁、周幸、冯国雄译，北京：

世界图书出版公司北京公司，2011 年，第 180—181 页。

⑯ ANDRÉE ROSENFELD, "Style and Meaning in Laura Art: A Case Study in the Formal Analysis of Style in Prehistoric Art", *Australian Journal of Anthropology*, Vol.13，No.3，2010,pp.199-217.

⑰［德］马克思：《1844 年经济学哲学手稿》，北京：人民出版社，2000 年，第 104 页。

⑱［英］巴恩：《剑桥插图史前艺术史》，郭小凌、叶梅斌译，济南：山东画报出版社，2004 年，第 84 页。

⑲ Hogarth D. G., "Welch F B . Primitive Painted Pottery in Crete", *Journal of Hellenic Studies*, 1901, p.21.

第二章

重回现场
——史前古漆
技术及其观念
体系

史前漆器是史前人类文化发展的重要标识，也是中华文明的重要标本。在使用空间上，史前漆器或被使用于采集、渔猎、战争、丧祭等空间，显示出史前人类在采集漆液、提炼漆汁和加工漆器等层域特有的古技术，这种技术形成路径或来源于环境性适应、偶然性发现和经验性习得。在功能与情境视角，窥视史前人类用漆空间及其场景或能再现史前人类的用漆生活、髹漆技术和漆艺观念，抑或能复原史前人类的生活系统、经验结构和观念体系。

一直以来，窃以为学界对史前历史的研究是相对薄弱的，主要原因在于史前离现代社会太过遥远，或因史料文献匮乏，或因史前的活动场所及其空间中的物、人和事均难见其历史真容。对此，严谨的历史学家或诗意的艺术家恐怕也未必愿意涉足史前研究，以至于这个领域的研究学者是较少的。但史前社会是人类一切文明或文化的源头，正本清源研究又显得不可或缺。

1. 基本问题

自然界也许不需要人类，但人类是离不开自然界的。人类发现和利用自然界的历史是久远的，譬如自然界的树及其树液就曾被史前人类发现和利用。就目前的研究资料显示，古希腊人在木乃伊或陶瓶上曾用树液作为涂料，古南美洲人也曾用树脂涂饰他们的船只或编织品，古中国人则用漆树流出来的树汁髹涂器皿。据考古发现，中国古代漆器至少有长达 8000 年的历史，8000 年之久的漆器发展史实际上是中国人发现漆树、利用漆液、创造漆器与美的历史，更是中国人使用漆的生活史、技术史和艺术史。在原始文化后期直至东汉末期的近 5000 年中，漆器一直是中国人生活中最为重要的标识性器物，也是人类物质文明的标识性器物。

不过，史前漆器[①]至今未见考古学者或艺术研究者做过较为深入的探讨，或者说，史前漆器研究难有进展。这主要有以下三端之原因：一是史前出土漆器较少，即便有出土漆器也很难保存，或不构成有效证据链；二是缺少史料文献支撑，或难以立论；三是研究方法难有进展，无疑阻碍了研究进程。因此，史前漆器研究最大的难点是在这神话传说的"发明时代"如何建立信史的有效证据链，而通行的"引经据典"方法显然不能适应史前社会历史的中观解读；同时，对零星出土的漆器的个案研究也无法还原史前漆器历史的真实。

但随着考古的不断发现，史前漆器遗存及其漆器类型逐渐增多，史前社会或初民的用漆场景及其采集漆液生活、漆器生产世界或能被有限性地还原，进而在一定程度上复现史前漆物的使用空间、技术水平与生活场景。

2. 理论视角

对史前人类艺术的阐释是离不开社会学想象力的。那么，如何有限性还原史前漆器使用空间呢？对此，我们必须借助特定的研究方法。在近代，功能主义是文化人类学研究的重要派系之一，英国的马林诺夫斯基、拉德克里夫·布朗等学者主张人类学研究应当有机地把握文化诸要素的整体功能，将叙事重点还原到文化要素的功能、意义和语境中去。譬如马林诺夫斯基偏重对"物"的功能展开研究，认为器物在文化系统诸要素中有其特定的实用功能，并扮演着某种特定功能的"器"的角色。布朗则在社会结构系统中阐释了器物文化诸要素的功能，并认为文化要素功能理论化的产物就是比较社会学与社会人类学。因此，布朗将自己的"功能人类学"称作"比较社会学"。相对于进化论，作为一种研究的方法论，"功能人类学"无疑在人文社会科学研究方法上具有革新意义，对于研究史前人类艺术具有一定的借鉴意义。

从功能人类学视角，任何器物的诞生必然有其特定的社会功能，并在这个社会情境下充当特定的社会角色。那么，这个"社会情境"又是什么呢？20世纪70年代，受马克思（Karl Heinrich Marx）、库朗热（Fustel de Coulanges）、涂尔干（Emile Durkheim）和J.D.克拉克（Clark, J.D.）的社会学整体分析理论以及功能主义的情境功能分析理论影响，霍德在考古学研究中认为，必须注意相关性（Context）或整体背景的研究。所谓"相关性"，即是一件处于不同社会背景中的器物可能代表着不同的相关意义，它是考古学科的中心特征和基本范式。可见，霍德试图从物质本身来研究它背后的文化情境及其关联语境，并认为"情境"是弥合社会与器物之间的关键性纽带。显然，霍德的情境考古学研究方法突破了器物本位的功能主义阐释视角，将器物研究放大至整个社会情境之中解读。

实际上，任何器物及其功能都是离不开社会情境的。器物的社会化功能是在特定社会化情境中复现与表达的，并成为特定人群特定需要的文化对象。

因此,可以结合"功能人类学"和"情境考古学"的研究方法的优点,力图在"功能＋情境"的双重理论视野中解读中华史前漆器的文化功能及其空间情境,最大化地还原中华史前人类使用漆器的日常、技术和场景,或能有限地复原中华史前人类的生活系统、经验结构和观念体系。

一、主要物证与文献

在研究层面,器物及其使用者是还原"器物的历史"或"历史的器物"最为重要的阐释证据。这个证据既有"物证",也包括"人证"。换言之,器物文化史研究证据链,既包括作为"物证"的出土器物（最直观的文本）,还有作为"人证"的文献及其记录的内容旁证。

1. 主要物证

据目前考古发掘,在中国境内出土的史前漆器主要有三大空间,即沿海地区、内陆地区和西部地区,这些空间的出土漆器是研究史前漆器的主要物证。这三大空间中的漆器分布也构成了中华史前三大漆器群,兹简要分述如次。

沿海地区史前漆器群,以浙江为代表,出土漆器的遗址主要有河姆渡遗址、良渚文化遗址、桐庐小青龙遗址和嘉兴马家浜文化遗址等[②]。就分布空间而言,在浙江境内,史前漆器主要分布在河姆渡、跨湖桥、良渚、卞家山、田螺山、桐庐小青龙、嘉兴等地。就具体出土漆器而言,河姆渡遗址发掘了朱漆木碗、缠藤篾朱漆筒,跨湖桥遗址出土了漆弓箭,良渚文化遗址出土了陶胎漆器和嵌玉高柄朱漆杯,良渚文化卞家山遗址出土了漆木觚,田螺山遗址出土了黑漆兽面纹木蝶形器、漆木筒等。另外,桐庐小青龙遗址的良渚文化墓葬[③]中考古发现多件带漆柄遗痕的玉钺、漆觚形器遗痕,嘉兴马家浜文化遗址[④]也发掘有史前漆器。沿海史前漆器群还有江苏吴江梅堰良渚文化遗址,这里曾出土了黑皮（似漆）陶罐等器物。江浙一带史前漆器的频繁出土证明这一区域史前人类利用漆和使用漆的历史久远,并具有一定的漆器加工技术及其髹饰观念。

在中部内陆地区,目前史前漆器出土地主要集中在河南、山西、湖北等地。

考古发掘的主要考古标本有河南偃师二里头 4 号墓[⑤] 出土的两件朱红漆钵、漆鼓，三期遗址也出土了朱漆雕花漆器，该漆器阴刻兽面纹，髹朱漆。山西龙山文化陶寺遗址发掘了漆器残件。另外，湖北荆州明湘城的大溪文化壕沟[⑥] 内曾考古发掘出簧、箭杆和钺柄等彩色系漆器，其中出土了距今约 5000 年的屈家岭文化早期黑漆钺柄上髹红色几何纹饰。从目前漆器出土的数量和空间看，史前内陆较东部沿海地区要少得多，说明史前内陆人群用漆空间、技术和场景要比沿海地区少，这种局面至春秋战国之后才有所改变。

在西部地区，目前史前漆器主要的考古标本有青海喇家遗址发掘出土的漆器残片、新疆天山阿拉沟内出土的史前墓葬漆器等[⑦]。目前，还没有证据链显示这一地区的史前漆器是本地产。史前中国西部人群用漆较中东部更少，显示出这一地区用漆意识和技术或落后于其他地方。

从空间分布看，中华史前漆器在中国的东南沿海，中部的河南、湖北和山西以及西部的青海、新疆均有发现。从目前的出土数量看，东南沿海的河姆渡、卞家山、田螺山等遗址出土漆木器数量最多，其他地方出土较少。从种类看，中华史前漆器大致有生活漆器、渔猎战争漆器和宗教祭祀漆器等。生活类漆器如漆木碗、嵌玉高柄朱漆杯、朱红漆钵、陶胎漆器、漆陶罐、漆木觚、漆簧、朱漆兽面纹雕花漆器等，渔猎战争类漆器有藤篾朱漆筒、漆木筒、漆弓箭、漆柄玉钺、漆钺柄、黑漆兽面纹木蝶形器、漆箭杆等，宗教祭祀类漆器有漆鼓等。从品质看，中华史前漆器有高规格的嵌玉高柄朱漆杯、漆柄玉钺等，有陶胎类型的漆器、漆陶罐等，也有木制或藤制的漆筒等。从技艺看，中华史前漆器制作技术主要有髹涂、雕刻、藤编、镶嵌等。从纹饰看，中华史前漆器主要是朱髹或黑髹单色，也出现有兽面装饰纹样等。

2. 零星文献

除了上述出土的漆器物证之外，还有零星的文献证据，这些文献主要包括《山海经》以及《韩非子》所载的漆文献。尽管这些偏于神话传说的材料不足为信史，但或能作为旁证。

《山海经》是中国史前的神话传说文献，主要包括民间传说中的地理知识，是研究史前文化的重要文献。对于中华工匠史研究而言，这部神话传说记载了具有史前工匠式身份的"大禹""精卫""女娲""夸父"等神话传说，还记载了工匠营造（补天）、征服自然（治水、填海）与加工物质（药物）的神话史料。《山海经》所载的号山、英鞮山、虢山、京山、姑儿山、熊耳山等山多产漆木，这可能说明我国古代漆树分布面积广、漆树资源丰富。漆树是落叶乔木，树干内富含汁液，属新生代第三纪古老孑遗亚热带区系树种。目前，在中国，最早的漆叶化石发现于山东省临朐县山旺村，距今大约 1800 万年。另外，广西柳州白莲洞文化遗址[⑧] 也发现有史前乔木漆木科植物。传说中的《山海经》和考古出土的漆叶化石证明：漆树可能是史前最为常见的树种，或早已被史前人类在生活、劳动中所认识、了解和使用。

战国时期法家代表作《韩非子》记载了不少史前神话传说，其中《韩非子·十过》记载："尧禅天下，虞舜受之，作为食器，斩山木而财之，削锯修之迹，流漆墨其上，输之于宫以为食器。诸侯以为益侈，国之不服者十三。舜禅天下而传之于禹，禹作为祭器，墨染其外，而朱画其内，缦帛为茵，蒋席颇缘，觞酌有采，而樽俎有饰。此弥侈矣，而国之不服者三十三。"[⑨]这段话记载了至少在尧舜禹时代漆就被应用于食器与祭器上，并成为国之奢侈物。舜是黄帝的八世子孙，舜作漆食器，无实物可证。但 1978 年在浙江余姚河姆渡遗址发掘的朱漆大碗是新石器时代的漆器，而舜是父系氏族社会（约 5500 年前至 4000 年前）后期部落联盟领袖，也就是说舜（相传是漆氏后裔）制造漆器至少在时间上是可能的。另外，禹作漆祭器，"墨染其外"与"朱画其内"，进而显示出夏朝使用黑与红的对比色系祭器历史，这也成为后世漆器色系的主色调。从出土文献看，山西襄汾陶寺遗址曾出土过大约夏朝时期的彩绘木器实物以及漆器，可以证明与《韩非子》所载内容基本相符。因此，《韩非子》所载漆器叙事反映的史前早期漆器发展至夏代社会是可能的。

二、使用空间、技术和场景

空间、技术和场景是反映史前漆器文明的三个重要维度。漆器被使用空间的广度是漆器文明的深度体现，技术是测量史前漆器水平的基本向量，场景是具体体现史前漆器使用空间和技术水平的重要参数。

1. 使用空间

"器"是史前知识流播的核心载体，是史前人类的实践物或生活文化基体。具体地说，石器、陶器、骨器、蚌器、玉器、漆器等器物是史前知识流播的巨大宝库，考古学家对这些器物的组合和分层研究显示出史前文明的"辉煌"。但人们的研究主要还是集中在"石系""陶系""骨系"等器物身上，尤其是"石系"研究较多，譬如石杯、石碗、石灯、石斧、石环、石球、石镞等。于是，考古学家把史前称为"石器时代"，而史前人类的"漆系"研究常被研究者忽略。实际上，"漆系"也是史前人类生活空间中不可缺少的实践物，它的使用空间也不亚于"石系"或"陶系"。

在日常生活空间，诸如漆木碗、嵌玉高柄朱漆杯、朱红漆钵、陶胎漆器、漆陶罐、漆觚等器物很容易让我们想起这些饮食漆器主要是为了生活使用而制作的，并服务于日常生活。或者说，中华史前人类居室空间里已经有了漆碗、漆杯、漆钵、漆罐、漆觚等常用器物，这证明中华史前已然有过漆器"奢靡的生活"。

在战争渔猎空间，诸如朱漆兽面纹雕花漆器、漆木筒、漆弓箭、漆柄玉钺、漆钺柄、黑漆兽面纹木蝶形器、漆箭杆等器物，或能再现中华史前漆器用于战争渔猎空间。或者说，中华史前漆器被用于日常生活之外的战争、渔猎空间，这证明漆的功能与使用场景是丰富的，或被中华史前人类所认识与延伸。

在宗教祭祀空间，诸如漆木碗、漆柄玉钺、漆钺柄、漆鼓、嵌玉高柄朱漆杯等器物，或用于丧事、祭祀、巫术等空间。这也从一个侧面说明，生漆及其漆器或被使用于特定的仪式空间，成为特定仪式空间中的"圣物"或"灵物"。

2. 经验技术

在文本层面，史前的器具（如漆物）与绘画（如岩画）是两种最为直观的研究文本。从功能视角看，史前器具必定是服务于史前人类生活之用，是史前人类或工匠创物的技术体现；绘画是史前人类所使用器具的审美意识的视觉传达形式，是史前"艺术家"经验世界的抽象表达。从技术层面看，这些史前器物制作及其绘画表现是离不开古技术的，这种古技术反映了古代工匠的创造水平。

中华史前工匠技术是如何获得的呢？从技术本源性视角看，史前工匠技术的来源或依赖路径大致有三：环境适应性技术、生产偶然性技术和手作习得性技术。这三种技术是史前古技术的根本特征。所谓"古技术"，即指史前工匠的技术获取不是主动获取的，而是根据环境、生产和习得等外界变化而生成的技术。譬如出土的漆木筒、漆弓箭、漆柄玉钺、漆钺柄、黑漆兽面纹木蝶形器、漆箭杆等，很有可能就是为了适应渔猎生活环境而产生的髹漆技术，而且这些技术的获得或来自偶然性的发现，当然这些偶然性发现技术跟史前人类不断的手作经验所习得的技术有关。技术还有一个特征，就是史前人类并没有出现"技术依赖"，即必须依赖技术而生活。换言之，史前人类的很多古技术被不断的偶然性发现或习得，也常常被偶然性地丢失或遗忘。

哪些技术被遗存或长久被使用呢？就中华漆器技术而言，史前工匠技术的类型大致包括工具技术、材料技术、加工技术和形式技术等。工具技术是首位的，也是其他技术的前提，譬如采漆，必然首先想到用何种工具，制作漆器又用何种工具。其次是材料技术，漆作为一种制作漆器的材料，它涉及炼漆技术、髹涂技术等。再次是加工技术，譬如髹漆木碗如何加工，它涉及挖制、斫制、凿制等多种技术手段；再譬如漆、玉如何组合加工，这也是一门技术，它涉及镶嵌技术、黏合技术和磨光技术等。最后才是形式技术，形式技术即人文技术或审美技术。譬如嵌玉高柄朱漆杯之玉和漆的搭配、朱漆雕花漆器之雕刻艺术、兽面纹木蝶形器之纹样等，这类涉及史前审美意识的萌芽，也体现了红漆与玉珠设计搭配的形式美感，更体现出史前手工体系中复合产品的设计美学。从史前漆器的生产与使用看，一些与生活密切相关的古技术被史前人类所保留和使用。

抑或说，史前人类为了生活，在生活实践中不断习得古技术。从出土的器具看，史前工匠技术以石器技术、陶器技术、玉器技术、漆器技术、竹器技术等为最。在技术性上，主要体现有黏合、琢磨、打磨、砍砸、髹饰、穿孔、刮削、刻凿、旋钻、切割（线切割、片切割）、阴刻、抛光等。在色系区分上，也见其具体技术，如灰陶、褐陶、黑陶、红陶等具有色系的陶器技术是有高低的。史前工匠的经验技术包括石器加工与组合技术、陶器烧造与绘画技术、玉器雕刻技术、漆器髹涂和黏合加工技术等。其中，漆器技术是远古技术文明的一块瑰宝，它不仅反映了史前人类已经学会使用自然生漆黏合器物，还昭示了史前人类已懂得使用漆美化器物，这已然显示出史前人类技术美学的萌芽。

3. 场景复原

在人类实践空间中，生活空间应该是人类首要的被关注的空间。从目前出土的漆器类型看，中华史前人类至少在采集、渔猎、丧祭、战争等与漆器相联系的生活空间上是可复现的，即漆器场景的相关性内容是有功能情境的。

第一，采集场景。

在自然界中，漆树被中华史前人类发现本身就是一种奇迹。或者说，采集漆液用于髹涂器物功能的发现想必是"一次偶然"。

从功能主义视野看，这次偶然的发现一定是特定环境下的一次具有功能意义的探索，甚至是史前社会结构或采集文化中的一次裂变。在社会结构层面，被用于髹涂的高级器皿或将社会阶层分为高低、贵贱之分，位于上层社会的群体或能享受贵重而华美的漆器，而处于社会下层的群体或被排除在使用漆器之外。这就是说，漆器在社会结构功能上发挥了差别化区分的作用。可以说，漆器是中华史前人类社会结构发生裂变的可能性原因之一，并在生产资料、生活资料或消费资料上区分了"史前社会阶层"。究其原因，这种社会结构的裂变是在采集文化中派生出来的。假如没有在采集活动中发现漆树，便无法出现集体采集漆液的可能，更没有将漆液使用于髹涂漆器的可能。

在史前采集活动空间中，我们能够想象出中华史前人类发现漆树与漆液的惊奇，也能想象出史前人类采集漆液的艰辛过程。

第二，渔猎场景。

从考古发现的史前跨湖桥遗址出土的漆器看，人类在此之前显然已经有了一个漫长的认识漆的过程，这个过程可能跟渔猎生活相关。

史前人类到底过着怎样的生活？从出土的史前陶器可以判断，渔猎生活可能是史前人类的生活样态之一。在闽侯庄边山新石器时代遗址[⑩]，陶器出土完整的和能复原的共有42件，其中多为陶纺轮、陶网坠、陶印拍等生产工具。这些陶网坠、石簇、石矛等或是史前人类渔猎生活的标识物。当然，从史前遗址考古出土的马、牛、羊等动物骨骼看，史前人类除了渔猎生活，还有畜牧生活。1985年阿克苏地区温宿县包孜东墓葬群[⑪]M41发掘的锥形器籘或为"解结"之工具，网坠和籘构成了史前渔猎文化的重要证据链。

史前人类的渔猎生活不仅表现在出土的陶器以及动物骨骼上，还能从出土的史前漆器可见一斑。譬如出土的史前朱漆兽面纹雕花漆器、黑漆兽面纹木蝶形器、漆箭杆、漆弓箭等很有可能复现出史前人类的渔猎生活场景。当然，除了渔猎使用漆器之外，还有一种可能就是将生漆用于部族之间的战争。譬如漆弓箭、漆柄玉钺、漆钺柄、黑漆兽面纹木蝶形器、漆箭杆等漆器很有可能与战争生活有关。

第三，丧事场景。

在本源上，史前髹漆作器是否一定是首先为了饮食之用，这是很难确定的。对此，我们可以从"器"的定名中做出器之始或器之用的原始性功能想象。许慎《说文解字》云："器，皿也。象器之口，犬所以守之。"[⑫] 在这段话中，许慎对"器"的解释至少道出以下几对关联性语义：首先，器与哭的关联。"器"之构成为哭（上）和口（下）。抑或说，器，本源于"哭丧"。据《汉字源流字典》解释，"器"本为甲骨文"丧（喪）"的简化。在古代，丧事通常用桑（音谐"丧"）枝为标志，即众口喧哭于桑树下，表示极度悲痛。这说明器本来是借"丧"之义，并逐渐简化定名为哭（两"口"为哭）和器（四"口"为器）。其次，器与皿的关联。"器"由哭丧逐渐转换为器皿。所谓"皿"，饮食器也，与豆同义。器，从犬从口，是一个会意字，周边四口像犬四周狂吠，犬之口乃像器之口。于是，器与皿产生关联，均表示有所盛用。按《札迻》曰："有所盛曰器，无所盛曰械。"[⑬] 说明器之用为盛。最后，器与犬的关联。狗是人类早期驯化的家畜之一。古代狗有细分，大者为犬，小者为狗。用犬守器皿，以视重视，说明古人对饮食之器的重视。或因丧事祭祀用器十分珍贵，故用犬守之。从"器"的定名分析，我们可以得出这样的一个暂时性的结论："器"之用，或诞生于祭祀或丧事活动，而并非起源于饮食之需。1978 年，在河南省汝州市（原临汝县）阎村出土了一件仰韶文化时期的史前彩绘陶缸，陶缸腹面略上位置绘制了一幅《鹳鱼石斧图》。这件陶之"器"显然是为了丧葬之用的。彩陶《鹳鱼石斧图》场景中的鹳、鱼和石斧的关系图建构了史前社会丧葬文化结构系统或信仰系统。由此可以推测史前工匠所造之"器"的出发点或许不是首先为了饮食之用，很有可能是源于祭祀或丧事之用。同样，河姆渡文化遗址出土的玉器、漆器、陶器等器或许均是丧用之器，而这些器皿用于生活可能是在用于丧用之后的事情了。简言之，史前工匠造物或启蒙于祭祀意识，形成于丧事活动，之后才出现了制作祭器和生活用器。

如此，我们还可以想象出两个连带问题：一是死亡或埋葬是人类最为了不起的值得敬畏的大事，它使得人类的造物和精神产生了统一，至少在哭丧祭祀中逐渐意识到凡器之用；二是漆器的实用功能并非是首要的，或许最早的漆器被使用于丧事或祭祀之用。因此，我们对史前漆器的功能至少不能说它一定是生活实用之器，或许浙江河姆渡遗址出土的朱漆大木碗本身就是一个用于丧祭的"圣物"，其丧祭的场景或能反映用漆的目的。

第四，传播场景。

应该说，新石器时代的漆器有一个逐步成熟的发展期，这不仅体现在漆器被使用在很多生活空间，也体现在史前漆器成为文化流播的一种文化介质。它很有可能与玉器一样，作为早期精神思想的物质文化载体，流传遍及中华大地。譬如喇家遗址漆器很有可能来源于内地，与两地间的文化传播或许相关，因为史前内地漆器的外流也是有可能的。

目前出土的史前漆器分布空间，大致是按照从东到西的"梯形分布"，即沿海居多（江浙一带史前漆器分布相当稠密）、内陆次之、西部较少的空间分布格局。这使得我们产生了两个连带性的文化想象：一是漆器文明或起源于海洋文明，然后逐渐从海洋文明传播至内陆文明；二是海洋性文化和内陆性文化是交流的，中西部漆器文化或来源于东部海洋性文化区。或者说，漆器文明的传播在史前文明的发展中起到了特定的作用。

三、观念及启示

毋庸置疑，从中华史前漆器的使用空间和技术文明看，史前漆器已然开启了物质与观念相统一的工匠创物模式，也昭示出史前人类对"工"的神话学认识、工匠职业的理解、文明创始和审美观念的萌芽。

1. 史前"工"的神话学观念

英国人保罗.G.巴恩（Paul G.Bahn）在史前艺术史研究中发出过这样的疑问："谁是史前艺术家？"[14] 巴恩认为，史前艺术主要是男人为男人所创作的。这种论断或许是武断的。实际上，史前艺术主要是史前工匠所创作的，是为了生活而创造的。从史前漆器的生产和使用空间看，史前人类对"工"的理解有其特定的神话学意义指向。

那么，什么叫"工"呢？史前"工"有哪些基本规定？我们不妨来看看《说文解字》对"工"的解释。许慎解释曰："工，巧饰也。象人有规矩也。与巫同意。"⑮这段话里有三个关键词：巧饰、规矩和巫。这三个关键词关联到"工"的三个基本内涵规定：技术、工具和身份。

第一，技术："巧饰。""巧饰"这个词的字面意思即巧妙的装饰。那么，什么样的巧饰方为"工"呢？清代段玉裁《说文解字注》曰："巧饰者，谓如幭人施广领大袖以仰涂，而领袖不污是也。惟执于规矩乃能如是。引伸之，凡善其事曰工。"⑯这里的"幭人"，类似于"郢人斫垩"中的"郢人"，他的技术十分高超，善能其事，懂其规矩。可见，"巧饰"者乃为"善工"。换言之，在技术层面，"工"必须满足"巧饰"的技术规定，即具有一技之长。那么，史前漆工制作漆器一定由具有一技之长的巧工所承担，并非所有人都能制作漆器。或者说，史前漆器加工者具有垄断性的身份与地位。

第二，法度："规矩。"何谓"规矩"？规矩，原来指木匠用的"曲尺"，包括"规"和"矩"，都是木工使用的基本工具，用来校正圆形（画圆）、方形（画直角或方形）。规和矩是木工善其事的保障性工具，没有了这些基本工具是难以做工的。孔子曰："工欲善其事，必先利其器。"因此，规矩是工匠"善其事"的重要工具。规和矩是木工做工绘制方圆的工具，也就是说，规矩给木匠做活带来了一定的尺寸、大小、长短、方圆等法度。因此，规矩也引申比喻一定的标准法度。先秦时期法家思想多得益于工匠手工理论法度，并将工匠理论法度上升到治国之法度。徐锴注释曰："为巧必遵规矩、法度，然后为工。"⑰可见，"工"之法度或规矩，是"工"之为"工"的基本规定。那么，史前"工"之法度是从何而来的？应该说，这和史前古技术来源一样，多半属于经验性法度、环境适应性法度和偶然习得性法度，即史前工匠的法度来源于经验、环境适应和偶然。譬如史前人类发现漆液以后的髹涂技术，很可能来自渔猎活动中的偶然发现——受伤后的漆树，流出的漆液保护或弥合了受伤的树皮，进而想象出用漆液髹涂器皿，以此适应原始环境下的生活。

第三，身份："巫。"巫是什么人呢？古代神职人员。在甲骨文中，"巫"字，象形字，像女巫所用之道具，像两块横竖交叉的"玉"（"玊"）之形。可能是因为古人以玉为灵性之物，认为它能测祸福凶吉之兆，所以甲骨文"巫"

字是由两块玉构成的。巫者所善其事，也必然有"工"之规矩。显然，史前漆工在行为、身份或职业上或具有某种神话学意义的规定。

从"工"的技术性、工具性和身份性看，或者从神话学意义上来看，史前"工"是非常神圣的，具有一定的神性或宗教性。在功能情境层面，"工"之定名至少启示出以下三个方面的社会学内涵：技术神圣、工具神圣和身份神圣。在技术层面，工之技术能巧夺天工。"工"，乃天地也。上面一横是天，下面一横是地，中间的一竖表示能上通天意、下达地旨。天地一体，天地共通。我们经常会看到画像石上西王母的"座几"就像个"工"字形。因此，"工"具有很神奇的技术，既能"开自然之物"，又能"巧夺天工"。在工具层面，"规"和"矩"构成了天地之法度和自然之方圆，具有神圣的万有之寓意。它或是人道经纬之万端，或是天地宇宙之规律。另外，工之道具"玉"，乃神器也，并含有水金火木土之五德。从"伏羲女娲"图像中可以看出，他们手里各持有"规"和"矩"，或许这象征天地一切都在"规矩"之中。可见，"规矩"象征天地、阴阳和乾坤。在身份层面，"工"所从事的职业也是神圣的。因此，《考工记》曰："百工之事，皆圣人之作也。"[①]什么是"圣人"？《说文解字》曰："圣，通也。"说明工匠均为智者、巧者，是能够通晓很多造物事理的圣人、神人。譬如，人们把张衡、马均说成是"木圣"；因鲁班发明了锯子、墨斗、矩尺、刨子等，人们敬奉他为"鲁班神"。那么，由这些神人所造的器具，也就被赋予神话色彩了。在远古社会，传说中的神器很多，譬如盘古斧、女娲石、伏羲琴、昆仑镜、神农鼎、轩辕剑、昊天塔、崆峒印、炼妖壶、东皇钟等等。或许在史前，漆器乃是圣人所造，并具有特定的神话学的意义指向和文化信息。

简言之，我们从"工"的定名之功能情境中可以看出，史前"工"在技术、法度和身份上具有明显的基本规定，并具有特定神话学的意义内涵。

2. 初始漆物的文化信息

在功能情境层面，史前初始漆物是史前社会的功能性载体，它们的身上含有很多情境化的文化密码，有待我们去解密。譬如朱漆木碗是饮食器具吗？或许未必，也许是为了丧事之用。再譬如嵌玉高柄朱漆杯之红色系是否具有图腾或自然崇拜色彩？玉和漆的混合使用用意何在？黑漆木蝶形器又是何种

"神器"？史前漆器是否将实用功能摆在首位？朱红是否与自然崇拜关联，并意味着生命色彩？对此想做进一步的阐释并非一件容易的事，至少我们现在还无法破解。但从功能主义和情境主义立场看，史前的这些漆器残片背后的文化信息或能启示出以下要义：

第一，史前漆器艺术反映了集体文化的自发性。史前漆器制作或为无名工匠行为，属于石器时代集体创作的文化产物，个人的艺术想象并非起决定性作用。因为史前人类生活的个体主义可能性不大，主要是依赖集体或族群生存。那么，这样的假设导致的推理就是：史前漆器加工是无名工匠所为，即集体创作。"自意识"[10] 或许是史前艺术发生的主要动力。

第二，史前人类的视觉习惯和群体行为模式逐渐形成史前漆器的图像和风格。史前人类的视觉习惯反映出集体行为及其思维之间的逻辑关系。我们从出土的史前朱漆木碗、缠藤篾朱漆筒、嵌玉高柄朱漆杯、黑漆兽面纹木蝶形器、漆柄玉钺、黑皮（似漆）陶罐、朱红漆钵、朱漆雕花刻兽面纹漆器、黑漆上髹红色几何纹饰漆钺柄等漆物看，这些漆物以木制和陶制为主，图像呈现朱红和黑漆色系，并出现了玉和漆的复合加工技术。显然，史前人类的视觉习惯以红黑色系为"美"或"审美取向"，并认为玉石能获得更好更高的"美感"；同时，兽面纹成为髹漆中的一种"高级"纹样，或具有某种神秘寓意，或有"图必吉祥"的美学倾向。这些漆器色系、材料和纹样或反映出史前集体创作的视觉习惯和原始审美意识。

第三，史前漆器艺术的审美结构含有复合或复杂性的美学倾向。红黑组合、红漆与玉珠的搭配是史前手工业体系中出现复合产品美学的表征。另外，漆、木、藤、玉、陶等复合型材料的加工也体现出史前漆器艺术中的原始材料意识。这些复合型色系或复合型材料组合显示出史前工匠的复杂性"创意设计"以及对多样性统一的驾驭能力，这显然是史前人类文明和智力水平的体现。

第四，史前漆器的兽面纹、雕花、几何纹等彰显了人类早期或具备了通过纹样来表达思想或情感的"高级"意识形态。史前漆器之"文"的形式感，常常被史前人类的生活经验与视觉习惯所"留存"，进而表现在漆器身上。但是，这些带有"高级"花纹的漆器无疑是史前最"奢华"的器皿，或许是史前"最上层社会"所使用。这就是说，史前漆器从它诞生的那一刻起，就与"高贵"孪生，也就是说精美的漆器具有与生俱来的高贵和奢华。

可见，中华史前漆器身上的文化信息是丰富的，它集中反映了史前人类对艺术文化的自觉、视觉的风格习惯、复合结构意识和情感意识形态。

3. 史前工匠意识与审美观念

如果说石器是史前工匠的"经书"，陶器是史前工匠的"画册"及其"诗歌"，玉器是史前工匠的"神器"；那么，漆器就是中华史前工匠的"美学"标本。

就艺术或美学而言，中华史前漆器的出现能昭示以下几点启示性的美学信息：一是中华史前人类审美意识的萌芽或来自于对器物的使用过程，尤其是漆器是中华史前审美意识的最为集中的体现。因此，史前漆器是还原或再现中华审美意识的最为重要的物质载体。二是中华史前人类对美的意识开始出现，并在实践中创作美，进而萌芽，形成了朴素的中华美学思想。因此，史前漆器之美是中华美学思想的最有效载体，也见证了中华美学或艺术在世界范围内的卓越、领先与高贵地位。三是中华史前工匠在审美意识培育、创作和美学思想形成中发挥了巨大作用，尤其是漆器工匠在中华美学史上或艺术史上具有重要的文明史创造价值。

简言之，中华史前漆器是史前文明的密码，从它的功能阐释和情境复原中或能看出史前社会的生活系统、经验结构和观念体系。在生活系统层面，中华史前漆器被使用于日常生活、渔猎战争、丧事祭祀等活动空间，漆器的诞生不一定首先表现为生活实用功能，或起源于宗教性精神功能；在经验结构层面，中华史前漆器的技术或源于环境性适应、经验性习得和偶然性发现，这些古技术的形成有利于史前人类的视觉习惯养成和图像经验表达，更有益于史前人类复杂审美意识结构的形成；在观念体系层面，中华史前漆器艺术已然彰显出史前人类在艺术、美学等文化立场上的观念体系的初显，如色彩观念、组合观念、审美观念等，这些观念的养成逐渐形成了中华史前人类的自然观念或崇拜观念，并逐渐形成了中华美学思想。

注　释

①　中国是世界上独一无二的最早发明与使用生漆的国度。根据目前考古发现，在距今大约7000—8000年的史前社会，中华人类就发现了漆并开始使用生漆了。因此，这里研究的"史前漆器"，即特指"中华史前漆器"。

②　浙江省文物考古研究所编：《河姆渡：新石器时代遗址考古发掘报告》，北京：文物出版社，2003年。

③　仲召兵、刘志方：《浙江桐庐小青龙新石器时代遗址发掘简报》，《文物》2013年第11期。

④　汪遵国：《太湖流域史前文化若干问题》，《历史教学问题》1988年第4期。

⑤　杨国忠：《1981年河南偃师二里头墓葬发掘简报》，《考古》1984年第1期。

⑥　贾汉清、张正发：《明湘城发掘又获重大成果》，《中国文物报》1998年7月1日第1版。

⑦　刘学堂：《新疆地区史前墓葬的初步研究》，《史前研究》，西安：三秦出版社，2000年。

⑧　蒋远金：《柳州白莲洞遗址史前植物群的考古学研究》，《史前研究》，西安：三秦出版社，1998年。

⑨　（清）王先慎撰，钟哲点校：《韩非子集解》，北京：中华书局，1998年，第70页。

⑩　陈仲光、林登翔：《闽侯庄边山新石器时代遗址试掘简报》，《考古》1961年第1期。

⑪　王鹏辉：《新疆史前考古所出角觿考》，《文物》2013年第1期。

⑫　（汉）许慎撰，陶生魁点校：《说文解字》，北京：中华书局，2020，第72页。

⑬　（清）孙诒让撰，梁运华点校：《札迻》，北京：中华书局，1989年，第423页。

⑭　［英］巴恩：《剑桥插图史前艺术史》，郭小凌、叶梅斌译，济南：山东画报出版社，2004年，第177页。

⑮　（汉）许慎撰，陶生魁点校：《说文解字》，北京：中华书局，2020年，

第 152 页。

⑯《说文解字》编委会编:《说文解字》(第 2 卷),北京:中国书店,2010 年,第 712 页。

⑰ (汉)许慎撰,陶生魁点校:《说文解字》,北京:中华书局,2020 年,第 152 页。

⑱ (清)阮元校刻:《十三经注疏》(《周礼注疏》),北京:中华书局,2009 年,第 1958 页。

⑲ 邓福星:《艺术前的艺术——史前艺术研究》,济南:山东文艺出版社,1986 年,第 16 页。

第三章

-

时间幽谷
——史前工匠
的时间观念及
其技术表达

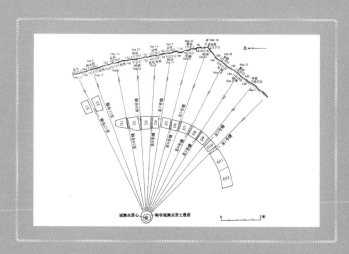

在史前时期，工匠的时间书写以日月物候天象为参照，在日常接触中感知物候天象的时序表征，并通过时间性图像来表达时序观念，进而逐步稳固了史前人类的时间观念体系。史前工匠对时间的书写动机或是非常复杂的，或是对物候时间或纪念性时间的表达，或是对潜在时间或丧葬时间的记录，或是想留住凡俗时间或经验时间，或是以神话时间或心理时间对抗物候时间的原始冲动。史前工匠时间观念及其体系的形成不仅规约了工匠自我与他者的日常时间伦理，还培育生成了史前人类的社会伦理，并加速了社会文明的发展进程。

时间是人类永恒而执着的关注对象，也是学界一直以来孜孜不倦的研究范式。在社会学视角下，时间观念及其体系的稳固或影响了人类社会文明水平及其发展历程。对于史前工匠而言，时间意识的表达是否意味着文明之始？工匠是否是时间的保留者和记录者？工匠的时间观念及其体系形成有何深层次的社会学意义？这些问题都关涉一个哲学问题域，即"工匠与时间"的问题。

1. 问题向度

"工匠与时间"是一组看似关联甚少而又非常复杂的研究范式，它甚至是研究工匠文化难以逃脱的哲学问题域。这主要源自"工匠与时间"这对范式本身所具有的经验认知（"工匠的时间"）、图像表达（"造物的时间性"）和宇宙哲学（"时间的工匠"）的时间内涵及其事实。在经验认知层面，工匠或要面对时间认知的经验性积累与直接感觉。譬如，人们普遍认为手作物是由大量时间构成的空间物，甚至说手作物如果没有了时间消耗，也就没有了工匠精神；或认为"晴耕雨织""天有时，地有气""百工无悖于时"等均是工匠对时间经验认知的行动依据。在图像表达层面，工匠或在"天时地利""法天象地"等思维中参悟自然宇宙四时的更替，或在图像叙事中表达对天地日月或时间流逝的朴素认知。在宇宙哲学层面，工匠的时间观或唯时论在间接地支配自己的造物行为或图像表达，并影响着使用时间性器物的人们对宇宙时间及其图像时间的认知。要言之，工匠行为或即时间行为，工匠精神或是时间精神，工匠手作物或是由时间元素构成的，并在对宇宙时间的认知和表达中影响着手作物及其使用者。

2. 时间社会学

那么，如何研究史前社会语境下的"工匠与时间"？这涉及一个时间社会学的方法论问题。所谓"时间社会学"①，即以时间为社会结构要素及以其发展变迁为核心研究路径的社会学分支学科。事实上，对史前工匠的时间社会学解析就是对史前人类时间哲学的阐释，也是对史前人类对自然天象、时序感知和社会伦理的阐释，还是探讨史前人类对渔猎时间、宗教时间以及其他与天象时间相关的复杂社会时间的阐释。因为史前工匠不过是史前人类时间观念的表达者，工匠通过图像、文字以及造物的一切行为潜在地表达人类的时间意识。因此，对这些与工匠时间相关问题的阐释有利于复现史前人类的时间观、自然观和造物观，更有益于揭示史前人类的宇宙哲学和时间伦理。

但就时间社会学研究方法而言，通常有三种路径来阐释人类行为与社会的关系，即还原论、反映论和审美论。所谓"还原论"，即通过社会语境还原行为者或行为图式，譬如以布迪厄为代表的社会艺术学学派；所谓"反映论"，即通过行为或行为者还原社会历史，譬如以阿多诺为代表的艺术社会学学派；所谓"审美论"，即通过社会学和美学的协同张力建构新型的美学社会学理论，譬如以沃尔夫为代表的艺术社会学的审美转向派。实际上，这三种研究方法或路径均在不同程度上存在着致命的方法论弱点。"还原论"通常缺乏经验性知识的支撑而失去学术力量；"反映论"因忽视经验主体的能动性而缺乏学术基础；"审美论"似乎在做"还原论"和"反映论"之间的调停，并重启审美问题的关注。但就史前史研究而言，这种审美社会学或形式社会学的研究却是很难操作的；因为史前人类的"审美"本身极具"社会学想象力"范式，或无法接近史前人类审美本真。

在此，将"时间"引入史前文化体系研究中，在很大程度上是因为它所引发的问题具有广泛领域的普遍认知价值和深层次的宇宙哲学思想，并引领我们迈向宇宙空间里的时间哲学及其思想性领域。

3. 时间结构论

在研究路径层面，在时间社会学研究范式里，"结构论"始终坚持社会或氏族群体是由习俗、信仰、制度、资源等"结构丛"（吉登斯）元素构成的，任何一个社会元素在结构体系中都是不可或缺的（斯宾塞），并具有特定功能的（涂尔干）；同时社会结构决定了人的行为及其思想观念（马克思）。但"能动论"者却一贯坚持社会是由人的能动、精神、意志、正当性等构成的，即个人的意志化行为产生或决定了社会及其组织形态（韦伯）。那么，在"结构论"和"能动论"之间有无互相"妥协"或"折中"的时间社会学理论呢？20 世纪 70 年代后期，吉登斯在对抗的功能主义或结构的二重性基础上，提出了"结构论"和"能动论"彼此通约的"结构化理论"②。实际上，结构化过程是具有双重性的，即社会结构"规约"社会活动，社会活动又能再生社会结构。吉登斯明确反对"宏观"（"结构论"）和"微观"（"能动论"）视野下的社会学研究，主张"社会整合和系统整合"③。在工匠层面，社会结构本身既是由包含工匠在内的各种社会行为建构起来的，又呈现出其社会行为再建构特性。也就是说，社会结构和社会行为之间是建构与再建构的二重性结构化关系。具体而言，史前工匠在诸多行为中创建了时间结构，时间结构也再建构了史前工匠的社会结构。

一、 主要物证与文献

时间是一个很抽象的哲学概念，但时间性却是可以被记忆的，也是可以通过行为及其书写来表达的，即可以通过特定的符号状态及其性质被人"想起"。譬如史前工匠通过结绳、刻划、雕饰、髹涂等多种途径留下了许多器型、图像或纹样等物证，这些出土文献见证了特定空间中的时间性文化，可以作为研究的主要材料。当然，还有少量的史料文献也可佐证史前工匠与时间的关系问题。

1. 主要物证

根据考古发现，目前中国境内具有代表性的史前时间性物证有以下几处：第一，在跨湖桥遗址中，考古学家发现有"带光芒的太阳纹彩陶、火焰纹彩陶和刻划、镂孔、彩绘三者组合的太阳纹图案"④。史前人刻划的太阳纹图案极具时间性特征。第二，在金沙遗址中，出土有"四鸟绕日"金饰品。该件金饰品中的"十二道光芒和四只飞鸟，并非随意性，很可能当时已经有了四季和十二月的概念，产生了原始的历法"⑤。这些装饰图案主要以写实性"太阳"（神鸟）的形象刻画为中心，但未见有其他生命体的拟态内容。第三，在海岱地区，大汶口遗址北辛文化层出土的红陶壁上"刻划有六角星样图案，又在各角尖填满平行划纹斜线"。大汶口文化早期的土陶纺轮其"小圆孔周围饰有放射线状划纹"，彩陶钵上"太阳纹由圆心或方心白色彩圈以及向四周射出的辐射线组成"。大墩子遗址出土的纺轮"刻辐射线纹"或"刻划锐角状辐射状纹饰，与纺轮中心圆孔构成一幅太阳图案"，出土的彩陶钵"圆形的器口边线和肩部一周十个弧三角彩陶图案，正好构成一幅光芒四射的太阳图案"⑥。这里的六角星样图案、太阳纹、太阳图案等均是史前时间性图案的代表作品。第四，在凌家滩文化遗址，考古发掘的"玉器的纹饰大多以简洁的几何纹为主……在玉版上阴刻了两个同心圆，其中在小圆内琢刻有方形八角星纹……这种八角星纹被认为是太阳的象征，在玉版图形中指向四方和八方的圭形纹饰，正与四象和八卦相合，而四象和八卦在季节上的概念，就相当于农历的四时八节"⑦。据专家推测，在凌家滩文化遗址发现的玉鹰"腹部也阴刻着象征太阳的八角星纹……因为凌家滩文化是承袭大汶口文化而来，后者正是以鸟为图腾，并对太阳顶礼膜拜"⑧。第五，在马家窑类型时期，"在甘肃永登蒋家坪下层遗存和东乡林家遗址下层遗存中发现有碗内底部为太阳意象（太阳圆圈内有一飞鸟）的彩陶碗"⑨。

可见，在日常化创作中，太阳表达已然成为史前工匠创作最为重要的对象，并逐渐形成以日月为中心的例行化表达习惯，这种"日常生活例行化"（赫格斯特兰德）的表达或逐渐形成了史前人类的时间结构意识或时间观念。史前工匠在表达这些时间结构意识的同时，也在此过程中形成了属于自己的时间社会及其伦理结构形态。

2. 基本文献

史前文献极少，且部分史料不确。譬如相传颛顼以孟春正月为元，若该史料属实，颛顼或是历法之父。这说明上古华夏已有了历元、正朔、立春、五星（行星金木水火土）、营室（恒星二十八宿之一）等时间观念，这些时间结构进而构成了史前社会的结构体系。另外，《史记》载："敬道日出，便程东作。"⑩对此，《正义》释曰："三春主东，故言日出。耕作在春，故言东作。"⑪ 这是较早记载时间与农业生产有关的文献信息，反映出古人对农耕、春天和太阳之间关系的朴素认知，也体现出华夏早期社会时间结构中的农耕文明。

根据夏商周史料，亦可推测史前人类的时间观念。譬如《夏小正》载："正月……斗柄悬在下。……六月，初昏，斗柄正在上。七月……斗柄悬在下则旦。"⑫ 这是记录北斗星与时间关系的一则文献，说明早期人类时间结构的建立源自对星象的认知。《诗经》曰："定之方中，作于楚宫。揆之以日，作于楚室。"⑬ 这四句诗记录了建筑与时间的关系，反映出早期建筑工匠根据物候确立建筑方位与时间的事实。另外，《管子》认为："时者，所以记岁也。"⑭ 这里所谓的"岁"，即事物连续性运动与发展的一种历时表现形式，"间"是划分这种物质运动连续性过程的一种分割方法，这说明古人已经开始懂得用"时"之"间性"记录自己的"岁"。古代人依据太阳与地球的运转人为地划分四方为一时，天有四时，春夏秋冬。如此看来，"时间"概念的功能指向是将连续性宇宙运行划分为周而复始的间性区段，并以此来指导与规约人们的社会观念及其行为。《考工记》认为："天有时，地有气，材有美，工有巧。合此四者，然后可以为良。"⑮ 很显然，时间成为工匠手作良器的特别要素，也成了工匠造物体系的构件。

二、形成诱因、依据与意义

上述物证与文献基本可以证明史前工匠在造物时的时间意识，也暗示了史前人类的时间观念已初步形成，时间结构或已成为早期社会结构中最为关注的要素。那么，史前工匠的时间观念形成的诱因到底是什么？这种时间意识的图像视觉表达的依据及其意义又是什么呢？兹分别释论如次。

1. "日常接触"是时间观念形成的诱因

——日常接触的记录者：巫或工

时间之常有与生命之短暂构成了人类最大的矛盾，因此，史前人类日常性接触自然和宇宙之后，或可能产生一些日常性的朴素"回想"：自然是什么？宇宙是何物？并对一些具有规律性的物象时序作日常接触性思考，于是在偶然间或能产生朴素的物候时序观。换言之，时间和"日常接触"（戈夫曼）是密不可分的，"日常接触具有转瞬即逝的特性，这体现了日常生活绵延的时间性和所有结构化过程的偶然性"[16]。也就是说，日常接触是所有人都能遇到的，因为日常生活的时间性对所有人是公平的，但时间转瞬即逝的特性对日常接触中所产生的结构化表象又具有偶然性的特性，以至于并非所有人都能"存留"日常接触中特定的时间表象。或许，这个"艰巨的任务"交给了巫者或工匠。

时间需要记录，就像文化需要记录一样。巫或工或许就是史前时间系统的创立者或记录者。巫在祭祀及其仪式中表达时间观念，工或史在造物中选择时间，并借助图像符号表达时间意识。譬如，在原始岩画、图腾符号以及其他涂鸦中能看出原始人的时间意识与时间结构。原始图像不过是原始人时间记忆的复现，是原始人"表达自我"的一种时间性形式，是原始人社会结构的时间性表达。譬如1978年，在河南省汝州市（原临汝县）阎村出土了仰韶文化的彩绘陶缸。陶缸腹面略上位置绘制了一幅《鹳鱼石斧图》[17]，这幅图显示的是史前人类对在场丧葬时间的自我表达，同时也会发现史前人类在丧葬之外"不在场"的时间观念。"随着时间的'逝去'和空间的'隐遁'，在场和不在场交织在一起。所有的社会生活都发生在这种交织关系之中，也都是通过这种交织关系而得以构成的。"[18]抑或说，史前工匠的创作里包含着在场和不在场的时间表象及其交织其中的各种社会活动，他们记录着日常时间，也记录着史前人类的社会时间及其伦理观念。

——日常接触的主体面：天地

和现代人一样，史前人类每天要在天地之间活动。他们面对自然和天空，没有人会限制或迫使他们去"想象"时间，除非为了找到适合种植的农业时间，或者说这种时间节律对于自己具有生死存亡的重要性。也只有这样，史前人或许能想起时间及其节律。譬如古埃及人在尼罗河的泛滥节律中找到了耕作时间，古罗马人从树叶的飘落变换中找到了宇宙时间。因为他们都需要在这种时间中找到自我行为的节律。就日常接触而言，史前人类面对大地、自然、森林和天空，他们的时间观念借助物候慢慢形成，进而慢慢形成时间宇宙观，即认为上下四方为宇（空间）、古往今来曰宙（时间）。史前人类的时间观是自然宇宙观形成的直接表现，是社会时间结构形成的间接呈现。抑或说，史前人类的"日常时空路径"（吉登斯）是通过日常接触天地而形成的，并在时间结构中逐渐形成社会结构。换言之，空间对于时间而言，是一种时间观形成的诱因。

对日常时空的认知途径最常见的是通过对日月星辰的观察与想象，进而形成史前人类的时间意识，这如同史前图像或文字的定名均为想象而形成的一样。譬如1973年，湖南省博物馆对当年被盗的长沙东南郊子弹库楚墓正式发掘，获得一件罕见的战国帛画，帛书书写于一块正方形的缯上，分内外两层。其中内层内容为方向互逆的两篇文字，一篇为"创世神话"，另一篇为"天文星占"。就创世而言，是早期人类对空间及其生命诞生的神话，而天文星占的出现显然是早期人类对物候时间的认识神话。可见，时间神话来源于"天文星占"，即在与宇宙天空接触中一种想象性的观念出场物。

在天地之间，身体是接触天地自然最直接的活媒介或参照系。史前工匠的制器之形、建筑之维、庙堂之高等无不参照自我身体。因此，"身体和环境（身体就在其中进行活动）的物理性质不可避免地赋予社会生活以一种序列性，并限制了个人与一定空间距离之外'不在场'的他人的接触方式。时间地理学提供给我们一种非常重要的方法，使我们可以标示日常活动中时空轨迹的交织现象"[19]。社会生活的序列性是时间和空间的双向交织，或许史前工匠在造物中最先领略到这种时空现象，并借助造物而有意识地表达出来。

——日常接触的关节点：劳动

一切知识源于劳动，时间知识也不例外。生存和吃饭或许是史前人类日常生活中最为要紧的大事，为了生存和吃饭，史前人类必然要劳动，也只有劳动才能拯救自己，才能创造自己，并逐渐生成时间结构观念。

就史前劳动而言，渔猎和农耕或许是最为基本的劳动方式。在渔猎活动中，史前人类自然要寻找到合适的时间节点去渔猎，尽管他们还不知道春夏秋冬四季分明的时间区分，但至少能在不断实践中发现在"何时"渔猎是最有效的。在农业耕作中，人类生产的序列性经验意识或已开始，因为"日常接触是按着前后次序被纳入日常生活序列性中的现象，而且也正是它赋予日常生活序列性的特征"[20]。同样，在工匠生产中，月令性生产是日常匠作的基本时间意识。在五行相生中，古人慢慢懂得了月令生产的经验规律。法国拉斯科洞窟崖壁画中的野牛、鸟人、矛、肠子、钩状的工具显然是史前人类日常接触的对象，并且在这些图像背后暗含着丰收时间、祭祀时间、渔猎时间、战斗时间等，这也可以说，劳动时间是一切其他时间形成的重要契机，即生成了所有的社会时间。

简言之，生存性劳动是时间观形成的重要节点，劳动经验迫使物候时间转换为劳动时间，而对这些时间的表达责任就落在了史前工匠的身上，由工匠创造结构化的时间意象，进而表达早期人类的时间观念。

2. "物候天象"：建立时间观念的核心依据

在日常接触中，物候天象可能是史前人类接触最为频繁的对象。仰望天空的行为方式或许是时间意识产生的最早源头，对天空的知觉或来源于白天和黑夜的交替，或来源于星星、月亮和太阳的频繁出没，因为"知觉是以时间和空间上的连续性为基础"[20]。日月星辰的连续性或为史前人类时间观念的形成提供了知觉图像及其规律性认知之源，并"赐予"了工匠对于时间性图像表达的意识触点。心理学研究也发现，大部分转瞬即逝的现象或被人们轻易"遗忘"，被感知或记忆"阻挡在外"，但连续性的时空信息是例外的。

——太阳母题

日月两极是史前时间观的参照系。对太阳及其侧影的观察为古人认知时间提供了有效而最直接的变量。《国语》记载："少皞氏之衰也，九黎乱德，民神杂糅，不可方物。……颛顼受之，乃命南正重司天以属神，命火正黎司地以属民，使复旧常，无相侵渎。"[22]颛顼高阳氏是黄帝的子孙，昌意之子。司马迁说颛顼："静渊以有谋，疏通而知事。养材以任地，载时以象天，依鬼神以制义，治气以教化，絜诚以祭祀。"[23]这里的"载时以象天"的提出，是在汲取了东方氏族少昊氏单纯依靠物候测天的经验之后，把"治历明时"[24]的重点由观测物候转移到观测天象。将天象与物候结合来定季节，更具有优越性。譬如大墩子遗址出土的纺轮中心圆孔构成一幅太阳图案，凌家滩文化遗址出土的玉版上阴刻着似太阳的八角星纹，甘肃永登蒋家坪下层遗存和东乡林家遗址下层遗存中发现有碗内底部为太阳意象的彩陶碗，跨湖桥遗址中陶器上装饰的太阳纹彩陶，金沙遗址出土的"四鸟绕日"金饰。可见，太阳或成为史前工匠造物的一个重要表达母题，这全在于它具有连续性、节律性的时间性特征，进而被工匠"捕捉"到造物心理意识之中，成为匠作的表达对象。

——月亮母题

在古代工匠造物中，月亮是最常见的参照系，也是工匠表达时间常见的物象。史前人类除了白天劳作之外，最为恐惧或神奇的应该是漫漫黑夜了。因此，晚上天空悬挂的月亮也就自然成为史前人类的"关照对象"。于是就产生了诸如玉兔、夜光、素娥、冰轮、玉轮、玉蟾、桂魄、蟾蜍、顾兔、婵娟、玉弓、玉桂、玉盘、玉钩、玉镜、冰镜、广寒宫、嫦娥、玉羊等众多跟月亮相关的创作母题。譬如大汶口遗址出土的"太阳"图像文字（拓本）和莒县陵阳出土的灰陶缸（见图1）[25]，"太阳与月亮"图像文字在三个器物中均出现。月亮母题的出现显然跟宇宙时间节律是有关的，尤其是白天和黑夜的自然交替，自然迫使月亮母题的出场。

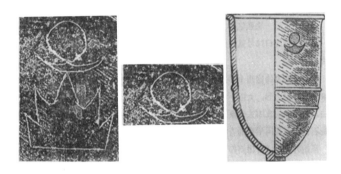

▲ 图1　大汶口遗址出土的"太阳"图像文字（拓本）和莒县陵阳出土的灰陶缸

——天极母题

面对浩瀚无边的宇宙，天在哪里？天之极又在哪里？一旦遭遇这些空间性思考命题，天极或北斗也就成了古人建立时间观念的媒介。《论语·为政》云："为政以德，譬如北辰，居其所而众星共之。"[26]《尔雅·释天》曰："北极谓之北辰。"郭璞《注》记："北极，天之中，以正四时。"可见，北极（北斗）与时间系统密切相关，或以北斗为建时参照，建立了一套北斗时间结构体系。"由于华夏文明发祥于北纬36度左右的黄河流域，因此，这一地区的人们观测到的天北极也就高出北方地平线上36度，这意味着对黄河流域的先人来说，以北天极为中心，以36度为半径的圆形天区，实际是一个终年不没入地平的常显区域，古人把这个区域称作恒显圈。北斗当然是恒显圈中最重要的星象，而且由于岁差的缘故，它的位置在数千年前较今日更接近北天极，

所以终年常显不隐，观测十分容易，从
而成为终年可见的时间指示星。"㉗那么，
天之北极也就成为史前人类的共同的不
变的天之中心。譬如河南濮阳西水坡遗
址出土的 6000 年前骨制北斗星形状的
斗柄，山西柿子滩大约 10000 年前的朱
绘岩画所刻画的"女巫"头顶或为北斗
七星（见图 2），浙江余姚河姆渡遗址出
土的黑陶腹部的猪图像正中一颗星也是
天极星（见图 3），河姆渡遗址还出土了
木制北斗（见图 4）㉘。可见，天极或北

▲ 图 2　新石器时代女巫褉星崖画

斗或已成为史前工匠表达时间的重要母
题，工匠在创物的时候，也就自然选择了天极或北斗，进而表达物候天序或
时间伦理。

▲ 图 3　河姆渡文化陶钵上的猪（北斗）图像
资料来源：冯时《中国天文考古学》（2001）

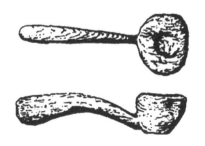

▲ 图 4　河姆渡文化木制北斗
资料来源：冯时《中国天文考古学》（2001）

3. 工匠时间表达的文明史意义

史前工匠为何要表达时间图像或时间观念？这些时间观念的出场有何深刻的社会学意义？它与文明史立场上的时间文化是否有关联？这三个问题的核心是追问"时间—文明"的社会学意义。

时间是工匠手作产品的特殊原材料。在手作中，时间已经成为工匠生产的一个意义要素。史前工匠通过图文叙事传达时间文化，手作的意义被缩减为时间性，手作的材料也因此被纳入与时间相对应的位置，以至于后来逐渐形成时间与材料的共存关系。譬如古人在春、夏、季夏、秋、冬的季节时间中找到对应木、火、土、金、水的自然材料，时间与五行（即郑玄的"五材"）的对应关系反映出中国古代的材料与时间共在的宇宙观，这种时间观反映出古代工匠朴素的人文关切——对自然宇宙以及人造物的理解与尊重。抑或说，史前工匠时间观的出场就是史前人类文明的出场。

就劳动而言，工匠手作不过是运用时间消磨一切手作物的瑕疵，继而完美地呈现器物之用与它的美。同时，根据对自然宇宙的观察或回想，史前工匠手作行为在原料来源、加工生产以及器物庆典等方面都具有一套时间节律，以至于后来逐渐形成了月令式劳作节律。譬如"百工咸理，监工日号，无悖于时"[②]这一经典语句指出了天子"命工师，令百工，审五库之量"在时间上的把握与规定，旨在说明手作工艺要"无悖于时"。显然，工匠将时间运用到手作劳动之中，将自然经验时间转换成手作劳动时间。这种"月令"式的生产反映出工匠手作劳动的时间认识论，也创成古人手作叙述的"百工咸理""无悖于时"的工匠精神，这显然是人类精神文明的产物。

时间性理论显示了从工匠到工匠精神的人文性关联意义。由于时间具有延展性与不可逆性，因此，史前工匠通过手作叙事将时间固定或延长在手作物之上，以期达到对时间的眷顾、理解与记忆；即通过月亮、太阳、天极等手作叙事图像，就能表达出史前工匠手作叙述的时间性理想。这种理想的本质就是工匠借用时间叙事来表达对生命时间的关切。为此，工匠在使用时间的过程中对手作之事的时间专注与谦逊是独一无二的，在此所体现的工匠精神乃是一种时间的生命情怀，进而呈现出一种时间价值理念或时间生命观，人类的时间文明也由此开端。

史前工匠对时间的使用与接受是一种生活体验。时间对工匠而言，它的慷慨与奢华是由工匠行为及其精神所决定的，更关键的是工匠对时间的使用与接受是自由的、安静的、情感的，这些可以理解为是一种生活性的生命体验，即工匠手作叙述强化了对时间自由性的享有与接纳。尽管古代工匠的手作时间依附于集团或国家及其制度，并没有多大的人身自由或创作自由，但是工匠精神一旦被嵌入手作叙述之中，工匠对时间的使用与接受便进入了忘我的生活体验状态。很显然，史前工匠的时间性生活体验是对生命的一种敬畏，这显然是一种生活文明的表征。

一言以蔽之，时间是对工匠手作物的艺术救赎，并最终呈现出现实生活和社会文明的潜在价值追求。工匠手作叙述的时间行为就是去瑕疵、存善美的劳作过程，在这个过程中，时间起到了一种对手作物及其工匠自身的救赎作用，进而将用之于生活的手作物之美发挥到极致，也将自我的文明发展到历史的高度。

三、时间体系：以《鹳鱼石斧图》为例

史前社会的时间体系是多元的，它由日常接触所决定。在渔猎中发觉物候时间，在观察天象中感知自然时间，在生产中获得耕作时间，在祭祀中认识宗教时间，在绘画中表达潜在时间，在丧葬中体验纪念时间。抑或说，史前人类的时间体系是由他们时常接触宇宙而发生、发现和认知的。

1.《鹳鱼石斧图》

《鹳鱼石斧图》（见图 5）是史前人类时间性叙事的代表性图像，它反映出史前工匠的时间秩序和时间系统。1978 年，在河南省汝州市（原临汝县）阎村出土了一件仰韶文化的彩绘陶缸，该器系夹砂红陶制品，形貌为敞口、深腹、圆唇，略呈直筒形。器高 47 厘米，底径 19.5 厘米，口径 32.7 厘米。该器沿下有四个对称的鹰嘴鼻纽，底部有一小穿孔。陶缸腹面略

▲ 图 5　彩绘《鹳鱼石斧图》陶缸
（1978 年河南汝州市阎村出土）

上位置绘制一幅神奇的《鹳鱼石斧图》。这或是迄今为止考古发现的新石器仰韶文化时代最早的完整彩陶绘画，人们把这幅画认定为最具"中国画"意味的陶器史前绘画作品，或能反映出史前陶器工匠视觉图像表达策略与视觉性呈现技巧。

2. 《鹳鱼石斧图》的时间性及其构成体系

史前《鹳鱼石斧图》包含了何种时间性结构体系？这里的"时间性"，即工匠通过图像把物理时间图像化为一种文化状态，并具有了观念化传达的性质。一般而言，"普通日常生活中蕴含着某种本体性安全，这种安全体现出可预见的例行活动中行动者在控制身体方面具有的某种自主性，当然，这在一定程度上取决于具体情境和个体人格的差异"[30]。具体而言，史前《鹳鱼石斧图》内含以下时间样态：

第一，"缺场时间"和"实在时间"。"缺场时间"是"实在时间"不能穷尽的"后台区域时间"。从进化论视角看，史前艺术在形式上的图像叙事是具有"儿童性"的，但在图像时间性或内容上却显示出深度的"成年性"。因为图像的叙述策略显然表现出一种灵活的看似"缺场时间"，却是"实在时间"的张力；即图像在表面上显得稚嫩与空无，实际上却传达出极其复杂的工匠创作心理的、文化的和社会的历史时间语境。在心理意识层面，史前视觉图像的"缺场叙事"显然包含工匠描述的"在"与"去"的时间性心理动机，即视觉表达中的元素"留住时间"和"抹去时间"的取材意识。在文化层面，史前视觉图像的"缺场叙事"隐藏了大量的生活的、宗教的以及伦理的时间性信息，既包括"抹去"实际生活的"时间性"或"叙事性"，也包括自己的"身体性"及其行为动作。换言之，史前工匠创作的视觉图像既"记录"了历史文化，又"抹去"了诸多文化信息。史前工匠的绘画或叙事认同极简的"线条"和"空无"，在视觉物象的"瞬间"传达历史的"永恒"。更进一步地说，史前工匠具有"视觉性驾驭"和"缺场性统领"的本能。

第二，纪念性时间和丧葬仪式时间。丧葬仪式时间是纪念性时间的一种具体表现。认为《鹳鱼石斧图》是史前氏族酋长的"纪念碑"或"功勋碑"（严文明）。鹳鱼是分属不同部落联盟的氏族图腾，酋长生前曾高举权力象征的石斧，率领白鹳氏族和本部落联盟的人民同鲢鱼氏族进行殊死战斗，并取得了决定性的胜利。另外，《鹳鱼石斧图》不是单纯的绘画作品，它如后世的"墓志铭"（刘敦愿）③。《鹳鱼石斧图》是依附在陶缸之上的彩绘图像，因此，作为葬具的陶缸，它的丧葬功能与观念功能（即《鹳鱼石斧图》的图像符号所表达的艺术观念功能）是分不开的。换言之，"瓮棺"是解读《鹳鱼石斧图》的切入点，"丧葬"是分析《鹳鱼石斧图》对应的功能性情境，即旨在表达对死者的灵魂不死的"情感"，这种情感愿望是由史前人类自身生产力低下所决定的。J. R. 卢卡斯认为："宗教对待时间可没那么友善。"②史前宗教的体验不过是摆脱时间的约束。J. R. 卢卡斯指出："宗教的本能来自对摆脱时间制约的渴望。"③工匠试图借助宗教时间躲避手作社会及其制度的限制与挑战。工匠对宗教信仰时间里的行为仪式的理解，实际上是基于时间总是蕴含着变化的可能性特征。工匠对宗教信仰时间的控制与演绎反映了自身身份与权益的觉醒，并利用宗教时间创造了属于自己行业的仪式时间。譬如，鲁班喜欢天文时间或宗教时间，反对被控制的时间，远胜于对消费他们的产品的人们的赞同。

第三，凡俗时间和神话时间。凡俗时间和神话时间是一对对抗性范式，神话时间是在拒绝凡俗时间的有限性。《鹳鱼石斧图》是一个与死亡和生活相关联的整体图像或具有仪式感的场景，真实的场景背后可能是复杂的仪式和仪式性内容，场景中的鹳、鱼和石斧具有特定的凡俗时间性功能，它与丧葬存在某种潜在的关联，但它的视觉性是缺场的。《鹳鱼石斧图》场景中的鹳、鱼和石斧的关系图建构了史前社会"凡俗生活系统"（渔猎、石器）和"神话时间系统"（丧祭、崇拜），其间有特殊的图像密码。

第四，经验时间和心理时间。经验时间是心理时间的表现基础。"二次葬"反映了史前人类对死亡、灵魂以及自我对环境关系的经验性思考，彩陶上的《鹳鱼石斧图》则是对经验性思考的直观图像表达，即在心理时间层面的图像视觉呈现。一是敬畏生死的观念出现。史前人类认为，人的肉体可以脱离骨骼而死去，但人的灵魂是不死的，在通过"二次葬"之后，还可以与家人再次"团聚"。在史前氏族制下，史前丧葬祭祀仪式显然不是私人行为，而是具有一定的集体性意识。譬如，史前集体墓葬的出现就能显示氏族成员的生命及其血缘关系在死后还是可以继续的。可见，"灵魂不死"和"血脉存续"的观念在史前人类社会已经存在，对生命的敬畏以及对灵魂的保护成为史前人类的一种信仰。二是"家族"观念初步形成。史前"二次葬"说明生者对死者的理解和敬畏、对生命的关怀、对灵魂的呵护，这些思想均反映了以血亲为标志的"家庭"或"家族"观念的初步形成。史前二次合葬就是家族制度的直接体现。男女合葬的形式，则反映出家族夫妻制度已然在新石器时代初步形成。三是"仪式"观念的萌芽。"二次葬"宗教仪式的目的在于仪式本身的象征或隐喻目的，旨在获得一种情感上的"慰藉"。换言之，宗教仪式的目的性是不明确的。

第五，伦理时间和公共时间。伦理时间是公共时间表达的最高形式。一是"伦理"制度萌生。史前"二次葬"是对"传统"不葬或露天葬的"伟大革新"，昭示了史前人与人之间的"伦理"制度萌生，氏族成员之间的"社会关系"被认知与理解。这显然反映了史前物质经济或精神文明的一种进步。另外，史前"二次葬"也暗示了"慎终追远"思想的出现。《墨子·节葬篇》中说："楚之南，有炎人国者，其亲戚死，朽其肉而弃之，然后埋其骨，乃成为孝子。"㉞二是公共"生态"适应观念形成。史前"二次葬"显示"人类自身的生产"（生物规律）与"劳动生产"（社会规律）同样受到关注，即恩格斯的"两种生产"说在这里得到了体现。从更深层次上看，史前人类及其生物规律为了适应自然不断调整，其劳动生产也受自然环境及其规律支配。在白骨可以复原为人的观念的支配下，为了保全白骨不腐，史前人类采取"二次瓮葬"以适应自然生态环境。显然，这是史前人类思考自我与自然的客观关系的结果。

概言之，时间是史前人类最为关切的空间对象，时间观是史前工匠书写及其表达的主题，太阳、月亮、天极等成为工匠书写时间的重要母题。同时，史前工匠在劳动中逐渐形成对自然物候的认知，并在日常接触中感知到物候的连续性和规律性，形成了朴素的时间图像和时间观念，并通过造物的途径刻划时间性图像符号，进而在手作劳动中形成稳定的时间意识或时间结构体系。史前工匠的时间性书写的动能是非常复杂的：既有实在时间或纪念性时间表达的欲望，又有"缺场时间"或丧葬仪式时间的回望；既有留住凡俗时间或经验时间的想法，又有在神话时间或心理时间里对抗凡俗时间的冲动。总之，时间观念是史前人类最为核心的观念，史前工匠的时间观念培育了社会伦理时间（连续性、序列化、结构化）及其相连带的所有社会文明，考察史前工匠的时间结构意识对后世人类认识自然和阐释社会具有重大而深远的意义。

在阐释中，还能连带性地得出以下临时性结论：第一，早期人类的时间结构是社会结构形成的重要要素。史前工匠的时间表达及其结构动机既源于自然物候的启示，也源于人类自我生存与日常生活的需要。人类在日常接触中逐渐形成了适合于自己的时间结构，而这些时间结构及其观念俨然成为社会伦理及其文明发展的触点。史前时期的工匠也许是第一个具有时间表达的智人，并产生了时间结构化造物及其图像文化，进而稳定了史前人类的时间结构。第二，生产劳动创造了人类早期的时间观念及其结构体系，而史前工匠是留住时间的功臣。早期人类时间结构体系的形成与稳固得益于人类自身不断的日常劳动，并受到自然物候的启示而萌生时间结构伦理，进而形成时间观念及其构成体系。在这一过程中，工匠借助造物，不仅留住了日常时间，还生成了人类的时间文明。第三，时间伦理是人类文明发展的基石，史前工匠在时间伦理建设中发挥了巨大作用。史前人类的时间伦理是史前社会伦理的核心部分，没有了时间伦理的史前社会是不可想象的。史前人类或工匠在建构时间伦理上发挥了巨大的想象力，为人类文明进步奠定了坚实的基础。

注　释

① ［英］约翰·哈萨德编：《时间社会学》，朱红文、李捷译，北京：北京师范大学出版社，2009年。另参见景天魁、何健等：《时空社会学：理论和方法》，北京：北京师范大学出版社，2012年。

② ［英］安东尼·吉登斯：《社会的构成：结构化理论大纲》，李康、李猛译，北京：生活·读书·新知三联书店，1998年，第60—100页。

③ ［英］安东尼·吉登斯：《社会的构成：结构化理论大纲》，李康、李猛译，北京：生活·读书·新知三联书店，1998年，第233页。

④ 蒋乐平：《钱塘江史前文明史纲要》，《南方文物》2012年第2期，第91页。

⑤ 刘兴诗：《史前古气候与原始农业》，《中华文化论坛》2009第S2期，第39页。

⑥ 赵李娜：《史前海岱社会太阳崇信观念之演进历程及文化人类学意义》，《管子学刊》2012第4期，第62—71页。

⑦ 李晶晶：《论我国新石器时期玉器的审美特质——以凌家滩出土的象生玉礼器为考据》，《求索》2012第5期，第75页。

⑧ 李晶晶：《论我国新石器时期玉器的审美特质——以凌家滩出土的象生玉礼器为考据》，《求索》2012第5期，第75页。

⑨ 赵李娜：《甘青地区史前陶器"太阳—鸟"形象之文化人类学意义》，《西北民族研究》2012年第4期，第187页。

⑩ （汉）司马迁：《史记》，北京：中华书局，2010年，第16页。

⑪ （汉）司马迁：《史记》，北京：中华书局，2010年，第18页。

⑫ 崔朝庆：《中国人之宇宙观》，北京：商务印书馆，1934年，第54页。

⑬ （清）阮元校刻：《十三经注疏》（《毛诗正义》），北京：中华书局，2009年，第665页。

⑭ 黎翔凤撰，梁运华整理：《管子校注》，北京：中华书局，2004年，第1310页。

⑮ （清）阮元校刻：《十三经注疏》（《周礼注疏》），北京：中华书局，2009年，第1958页。

⑯ ［英］安东尼·吉登斯：《社会的构成：结构化理论大纲》，李康、

李猛译，北京：生活·读书·新知三联书店，1998年，第144页。

⑰ 陈兆复、邢琏：《中华图像文化史（原始卷）》，北京：中国摄影出版社，2017年，第246页。

⑱〔英〕安东尼·吉登斯：《社会的构成：结构化理论大纲》，李康、李猛译，北京：生活·读书·新知三联书店，1998年，第223页。

⑲〔英〕安东尼·吉登斯：《社会的构成：结构化理论大纲》，李康、李猛译，北京：生活·读书·新知三联书店，1998年，第223页。

⑳〔英〕安东尼·吉登斯：《社会的构成：结构化理论大纲》，李康、李猛译，北京：生活·读书·新知三联书店，1998年，第149页。

㉑〔英〕安东尼·吉登斯：《社会的构成：结构化理论大纲》，李康、李猛译，北京：生活·读书·新知三联书店，1998年，第116页。

㉒（春秋）（旧题）左丘明撰，徐元诰集解，王树民、沈长云点校：《国语集解》，北京：中华书局，2002年，第512页。

㉓（汉）司马迁：《史记》，北京：中华书局，2010年，第11页。

㉔谢世俊：《中国古代气象史稿》，武汉：武汉大学出版社，2016年，第102页。

㉕山东省文物管理处、济南市博物馆编：《大汶口新石器时代墓葬发掘报告》，北京：文物出版社，1974年，第117页。

㉖（清）阮元校刻：《十三经注疏》（《论语注疏》），北京：中华书局，2009年，第5346页。

㉗冯时：《中国天文考古学》，北京：社会科学文献出版社，2001年，第89页。

㉘河姆渡遗址考古队：《浙江河姆渡遗址第二期发掘的主要收获》，《文物》1980年第5期。

㉙（清）阮元校刻：《十三经注疏》（《礼记正义》），北京：中华书局，2009年，第2953页。

㉚〔英〕安东尼·吉登斯：《社会的构成：结构化理论大纲》，李康、李猛译，北京：生活·读书·新知三联书店，1998年，第120页。

㉛唐朝晖、罗文中：《千古画谜：中国历代绘画之谜百题》，长沙：湖南人民出版社，2009年，第47—49页。

㉜〔英〕里德伯斯：《时间》，章邵增译，北京：华夏出版社，2006年，

第 148 页。

㉝ ［英］里德伯斯：《时间》，章邵增译，北京：华夏出版社，2006 年，第 148 页。

㉞ （清）孙诒让撰，孙启治点校：《墨子间诂》，北京：中华书局，2001 年，第 186 页。

第四章

-

在德不在鼎
——上古器物
的宗教功能及
其技术溢出

在意识形态领域，上古宗教思想支配并占有全部社会意识及其活动。上古制器文化基本围绕宗教而展开，先民已懂得使用器物去装载神权，进而在器物使用或仪式活动中溢出原始人文宗教思想。上古宗教不仅溢出了合乎"礼"性的器物图像视觉形态，还与国家制度产生了密切关联，从而使得溢出器物在国家层面扮演着文化传承者的角色。借此，上古工匠制器通过将宗教化人文因素渗透到制器活动中，从而增益于上古制器的人文功能及其意义构建。上古器物具有明显的宗教叙事与文化溢出功能，它对当代中国制造在文化叙事与域外输出上具有启示性意义。

学界对上古宗教、国家、神话、历史、地理等观念层面的学术研究成果较多，但对上古器物文化研究却相对较少。这主要是由于上古实物史料文献较少，存世的出土器物也只有零星的石器、甲骨器、青铜器、玉器、漆器、陶器等。这些具有"因果性"的器物作为上古社会空间中"点"的存在，有着很特别的文化意义与可溢出的文化功能。然而，上古社会是一个宗教化行为体的整体组织。这些器物"点"构成了上古社会体，上古社会因这些器物"点"的链接与互动而发展，并在物质层面呈现出上古的文化世界。

实际上，对上古工匠制器行为及其思想的书写是困难的，将零星出土的器物作为器物文化史来描述也是十分冒险的。因为任何一件过去历史的出土器物都会推翻我们对当下主观历史的论断。换言之，对上古器物观念的研究往往要处理好"两个历史"问题。"过去历史"的时间、空间中的器物如何呈现它的内在逻辑与视觉习惯——回归"过去历史"的意识形态；"当下历史"的时间、空间中的文献资料是呈不规则点状分布的，如何完整地复原上古时期的器物观念——回避"当下历史"的主观判断。因此，"历史性分析"是研究上古器物观念的正确选择。所谓"历史性"，即回归到历史空间中的意识形态、文化机制、技术溢出与工匠制度等更为复杂与多元的阐释上来，从传统的单纯的文献史实的"机械考据"转向宏观与微观之间的"交易地带"的空间研究，是一种保持宏观叙事与微观叙事之间适度张力的间性研究法。

一、上古器物与宗教的意义关联

在词源上，"器"与"犬"相关。在古代，凡器亦众多，因此，"器"

之本源含义便出现了"犬所以守之"之形意。这表明人们对器用什物十分爱护，也暗示了器物在生活中的独特地位与身份，因而器重而礼遇之，以至于器已然不全是生活之器，还是文化之器，或是国之重器。很明显，器物的物质范畴属性已经超越了一般常识，或渗入、或提升至文化、族群与国家意义层面。相传，夏禹铸九鼎寓九州。鼎乃是国家权力之象征，为得天下者所持有。"问鼎中原"之"鼎"与"天下"不无两样，彼此可成为等同意义之符号。上古时期的神器、冥器、食器、祭器等在生活中扮演着重要角色，特别是先民的器物崇拜及其祭祀活动为器物的人格化提供了可能。器物纳天地而载人伦，君子比德于玉或器之伦常是器物人格化的直接呈现。换言之，器之为器，已然超越了凡器被使用的物质与生活层面，指向它的社会文化之意义深处，并通向宗教哲学。

　　石器（旧石器时期）、陶器（新石器时期）与青铜器（夏商时期）是上古时期三种典型的器物代表，并具有明显的时间分期属性（石器时代、陶器时代与青铜器时代），即器物文化与技术文明具有时间上的同构性。上古时期的制器技术主要表现在制造与使用两个层面。在制造层面，上古制器在自然崇拜中认识与体会制器经验；在使用层面，工匠已然赋予了超于器物使用功能的宗教思想。《左传》记"楚庄王问鼎"，对曰："在德不在鼎。昔夏之方有德也，远方图物，贡金九牧，铸鼎象物，百物而为之备，使民知神奸。……桀有昏德，鼎迁于商，载祀六百。商纣暴虐，鼎迁于周。"[①] 显然，制器造物被赋予了国家伦理及神权意义。因此，上古的"纳礼于器"或"器礼天地"成为制器的一条重要准则。简言之，上古时期的制器思想是围绕礼乐宗教而展开的，它明显具有原始的宗教人文特色。或者说，上古时期的工匠制器将宗教人文因素渗透到制器技术活动中，从而反哺了上古制器的技术文化发展。

　　实际上，器物是上古社会中一个带有根本性与权威性的文化特例。抑或说，器物是特定社会语境中的一个独特语汇。上古工匠及其制器在宗教意识形态的支配下给世界贡献了文明史上具有标志性的重器（如陶器、青铜器、漆器），也为人类文明发展提供了生活文化的慰藉与艺术审美的享受。

二、上古宗教与器物的互动：功能与意义

1. 五帝时期的原始宗教与器物意义建构

"五帝"时期是指黄帝、颛顼、帝喾、尧帝与舜帝五个帝王统治的历史时期，也是中华文明的起源期，是中国早期社会步入宗教的时代，特别是颛顼"依鬼神以制义"的宗教思想成为五帝时期器物观念的思想源头。

五帝时期的第一大事件是文字的发明。据史书记载，仓颉是黄帝的史官，相传他是文字的发明者。但是，在农耕聚落结构相对松散的五帝时期，由仓颉一人去发明文字的可能性不大，他很有可能如同西方早期《荷马史诗》之荷马，是一个集体性代名词。换言之，仓颉是对当时民间刻划符号（大汶口陶片）、结绳符号（结绳记事）、藤草符号（蒲草）等各种媒介符号加以搜集、整理的使用者。文字的出现意味着中华文明的诞生。如果说文字是记神谕、定历法、记功绩的需要，那么，"图腾"则是辨祖先、记标志与图像的产物。文字与图腾的出现为中华早期先民制器走向人文化宗教提供了可能。文字被铭刻在器物上不仅起到记事作用，还能发挥装饰作用；而图腾的物化则促成了上古先民器物图像视觉习惯的最终形成。譬如出土的青铜组器或成了商周社会语境中具有文化意义的"句群"。抑或说，上古宗教中的图腾崇拜借助器物而溢出了它的历史叙事功能；同时，上古宗教也赋予了器物的叙事本质与意义建构功能。

从图像学上看，图腾是一个族群的集体图像或文字符号，它是一种血缘关系的文化机制与互动仪式的视觉信仰，能体现一种超自然的神性与人文力量。半坡遗址出土的"人面鱼纹"陶器暗示着原始先民朴素的生命伦理及其宗教思想：人鱼同源，有家族亲缘关系。姜寨遗址出土的鱼、蛙、鸟复合图案的彩陶盆或是一定社会关系与文化机制的视觉化表现的产物。制器上的图腾视觉习惯于传统是天命神学的人文哲学基础，它不仅是先民精神性的信仰心体，还是一种物质性的崇拜实体。器物是先民传达宗教信仰的载体，因此，器物崇拜仪式中宗教性器物得以诞生。尤其是到了父系氏族时期，随着社会分工的细化，男性在家庭中的地位与权威提升，男神祖先崇拜取代了母神崇拜。龙山时期大量出现的陶祖就反映了"男权时代"的来临。在良渚文化遗址中发现的大量玉璧、玉琮不仅反映出死者的身份与地位，还能反映出器物

所蕴含的宗教文化偏向——在文化传承层面上，祖神已然衍化为"天神"。祖先神的出现反映了人类文明开始步入"人的时代"，至少对"男人"力量的认识开始了，并在各种祭祀、丧葬、拜物中衍生出一系列规范与制度，这为西周"礼"及其"礼器"的产生奠定了理论基础。很明显，宗教（礼仪）—器物（礼器）—国家（礼制）之变量被渐渐聚合到一起，并溢出各自的宗教功能与文化意义。

那么，我们必须要叩问：上古宗教思想由谁来传达？在何地作视觉化呈现？靠什么媒介来传达？祭祀活动如何操作？礼制文化又如何传承？这些问题关涉到原始性的制器思想观念。第一，上古宗教思想的传达者——巫。巫者，作为一种"智慧"的职业，"巫工"在原始社会里所扮演的角色对于稳定社会关系具有不可替代的作用。巫是沟通天神与地民的人神体。巫工一般由氏族长兼任（如大禹），或由顾问大臣专任（如黄帝的大臣巫彭），他能改天换地，操持释惑、祈雨、医病、交合、占卜、消灾、战争以及传承历史等诸多事务。在进行这些社会活动时，为了传播思想，必然要借助一定媒介去表现，于是就出现了"禹镂其鼎，汤刻其盘，纪功申戒，贻则后人"的制器铭文。由此可见，制器饰物或铭文刻器是人类实践活动的产物，器物成为传达思想文化的重要可视化载体。第二，上古宗教思想的传达空间——坛。坛是宗教祭祀的场所。古代有室外露天的"坛场"，也有室内"明堂"之宫。"堂大足以周旋理文，静洁足以享上帝、礼鬼神"，祖庙社坛之建筑是上古宗教思想传播的平台，除一般性布政职能之外，还有宗教性祭祀活动功能。那么，在"坛"上使用的各种祭祀之器便诞生了。祭器作为坛上仪式活动的媒介物，承担着传播与宣扬宗教思想的角色。第三，上古宗教思想的传达仪式——舞。"舞"与"巫"本同音同源，它是上古宗教思想传播的重要仪式。青海大通县上孙家寨出土的"巫舞"图案的彩陶盆显示出上古宗教传播仪式的场景，它显然不是一般生活娱乐性活动情景，而是具有图腾性质的娱神祇之舞。巫舞仪式本身就是一种图像化仪式，这显然能为器物的图像化视觉呈现提供第一手图像资料。第四，上古宗教思想的传达听觉——乐。在上古宗教仪式中，有"巫舞"就有"巫乐"，用"乐器"诏告神祇是原始宗教传播的重要工具。有"乐"就有口奏之"器"（乐器），大量的礼乐器物因此诞生。第五，上古宗教思想的传达规约——礼乐制度。巫者、祭坛、巫舞与巫乐等系列原始宗教元素或仪式构成了一套规范的礼与仪，也形成了一整套祭祀器物制造的礼器文化体系，这些均成为商周春秋礼仪制度的直接源头。由此也可进一步地看出，礼仪制度与器物文明是分不开的。

简言之，上古宗教及其仪式活动不仅溢出了宗教在国家统治中的原始功能，还溢出了宗教介入器物制造及其装载文化的功能。宗教成为器物的叙事本质，器物的意义建构成为宗教文化溢出的重要路径。不过，上古宗教社会语境对器物意义的建构存在介导或干扰倾向，致使后世器物意义建构的人文化选择倾向十分明显。

2. 夏商时期的宗教演进与甲骨叙事

夏商时代，宗教仪式已然是"国家"（宗族）的一种习惯性日常典礼，中国宗教思想步入快速发展时期。尤其在商代，宗教成为国家文化的"时尚"，抑或是器物意义建构的本体。

殷商时代，甲骨卜辞是这个时期的一件文化大事。《礼记·表记》载："殷人尊神，率民以事神，先鬼而后礼。"②占卜事神成为殷商人普遍的日常文化现象。原来器物上的符号刻划远远不能适应凡事必卜的殷商社会的发展。于是，与之相应的文化事件"刻辞"——记录占卜的书面文本——甲骨文系统诞生了。此时，一个超自然与人事的新神灵——"帝"——被刻写在特定的甲骨物空间。甲骨卜辞成为商王朝神权与政权新的文化载体与传播介质，殷商史官将占卜祭祀编辑成书，将对上帝（至上神兼祖先神）和社（社神）、河（黄河，河神）、岳（岳神）以及地祇等自然神祇的崇拜与文字的传播同步发展，沉睡的黄河殷商国力及其文化神力就在这样的崇拜祭祀与书面甲骨文字的传播中被释放。

在国家层面，甲骨文使得殷商神权与政权受到承认，并逐步趋于稳定。甲骨卜辞是先民与上帝以及自然诸神祇的一种约定契约与俗成章程。古典的中国法学、农业学、神学、兵学、广告学、地理学、天文学、传播学、行政学、医学等，便在卜辞史官的刀与火的光芒中孕育。甲骨卜辞是殷商人智慧里最美丽的丰碑，廉价而易得的甲骨成为殷商神权与政权系统形成的基础，他们的历史与文化因此得以在时间的链条上延续和传承。甲骨卜辞的意义建构也因此有了新的方向，即作为制器造物活动的甲骨卜辞承担了用神权赋予政权的文化传播使者的作用。

在文化传播层面，口头传播与书面文字相比，还难以在权力（确定）、诚信（合同）、记载（恢复记忆）等媒介传播的有效性上胜于后者。在殷商之前，天文、地理、历法、征伐、刑狱、农畜、田猎、方国、世系、家族、职官、疾病、生育、灾祸、法律等在很大程度上都记录于先民的大脑里，而用结绳、蒲草、刻符、造器等方式记载历史是重要的。这就是说，甲骨卜辞在解决口头历史的记录与遗忘矛盾上发挥了重大作用。

在发展层面，甲骨卜辞的出现表明"读书"活动的开始，同时"学在官府"的文化特权制也随之形成。甲骨卜辞的出现使得殷商社会发生了深刻的变化，一切都陷入需要建立"文明"社会的"危机"与"挑战"中。这似乎陷入了文化发展的泥潭：谁拥有甲骨卜辞（平等问题）？哪些事件才可以使用甲骨记录（契约问题）？自然神（天神）祇（地神）何以各司其职（权力问题）？史官书写的规则、顺序、体例、章法、用笔、材料等，一切的社会理性在甲骨卜辞的文明中孕育，并逐渐走向规范化的礼仪制度。

简言之，甲骨叙事是夏商时代的一种日常文明，它使得宗教与器物之间的文化溢出获得了合法化途径及其意义建构的通道。

3. 西周时期的"天命神学"与器物角色

实际上，甲骨书写的历史发展不仅促进了殷墟天神系统以及政权的发展，也催生了新政权——周——的诞生。此时，甲骨卜辞远远不能满足西周社会发展的需要，另一物质媒介——青铜及其铭文——出现了。

在书面系统的促进下，伦理化的"天命观"呈现于周人的世界里，"治民以德"与"享孝祖先"成为西周人的重要伦理思想。西周人对"天"的崇拜已然从殷商自然神跨越至伦理哲学的初步认知阶段。这些思想的变化在《诗经》等文献中可以窥见。《诗经》中有大量漆器、青铜器、玉器等物质叙事，这些物质实体既是思想的载体，也附着了很多礼仪制度文明。譬如漆器作为西周社会的一个"物体系"，它的身上便涵盖了诸多制器思想及其制度文明。

根据考古发掘，在河南偃师二里头遗址 (1980) 出土了漆盒、漆豆、筒形器以及似兽面雕花纹漆器（残）等[③]，二里头遗址 (1981) V 区出土了漆钵、漆觚、漆鼓等[④]，二里头遗址 (1984) Ⅵ区出土了漆觚、漆盒等[⑤]。在河南固始侯古堆一号墓 (1978) 出土了春秋战国彩绘漆木器三乘肩舆、雕木瑟、木镇墓兽、盘龙及木俎、豆等[⑥]。在山西长治分水岭（1972 年）春秋中期墓（M269）发现了腐朽漆灰中保留的漆器图案精美的漆皮[⑦]。山西翼城县大河口（2007 年）西周墓（M1）发掘出漆木俑、漆木盾牌等[⑧]，该墓（2011 年）还出土了木俑、俎、罍、豆、壶、牺尊、坐屏、杯、案、盾牌、方彝等漆器。在湖北随州叶家山（2011 年）西周墓（M2 和 M27）出土了盘、豆、案、俎等漆木器 83 件[⑨]。《诗经》之《召南》《魏风》《唐风》的叙事空间有大量漆器遗存，说明当时生活在今陕南到鄂西北以及晋南、晋中等地的贵族已大量使用漆器。《雅》多为贵族宴飨乐歌，多产生于都城镐京（陕西西安）与洛邑（河南洛阳）之京都，这里几乎是漆的世界。在陕西沣西（1967 年）115 号墓出土了俎、杯、豆等镶嵌蚌饰的朽漆器[⑩]。在陕西岐山县（1973 年）贺家村西壕发掘清理周墓，5 号墓出土有漆盾残片[⑪]。在云塘等地（1976 年）发掘部分西周墓葬（M7、M13、M20）中有彩色的饕餮纹漆器出土[⑫]。在张家坡（1983—1986 年）西周墓出土的铜漆木器附件有达盨（疑似簋）器、铜漆木案、铜漆木盒、铜漆木壶、铜漆木罍等[⑬]，这些铜漆木器具构件反映出西周漆木器铜件镶嵌工艺之精美。在长安沣西客省庄和张家坡墓（1976—1978 年）发掘出镶有蚌泡的漆器残片[⑭]。在长安县沣西公社张家坡村（1983 年）发掘的四座周墓（编号为 83SCKM1）中发现了彩绘漆棺[⑮]。在扶风县黄堆乡强家村（1981 年）发掘的一座西周墓（编号为 81 扶强 M1）中有大量的漆皮断面，其中强家 1 号墓内成组摆放漆器，有一个镶嵌有六块菱形蚌饰的长方形漆器、四个圆形漆器、并列的两个陶豆、长方形漆器等[⑯]。在宝鸡竹园沟（1976 年）发掘的西周墓葬有漆豆痕、方形漆盘等[⑰]。以上都城镐京（陕西西安）的大量漆器遗存显示这里曾是漆器的皇城。《雅》的空间叙事多为贵族宴飨乐歌，而贵族宴飨是离不开漆器的，特别是具有等级制度象征的食器与酒器。镐京及其附近出土的漆器数量庞大、组合有规制、镶嵌繁缛，这些与《诗经》之《雅》的叙事物理空间是对称的。《颂》为朝廷与贵族宗庙祭祀的乐歌，其中《周颂》产地在镐京，《商颂》产地在商丘，《鲁颂》产地为曲阜，这些空间里的宗庙祭祀是离不开漆器的。山东博物馆发掘郎家庄（1971 年）一号东周殉人墓[⑱]，出土了雕花彩绘条形器、朱地黑彩羊形漆器、黑地红彩漆豆、以骨饰为装饰的漆器、彩绘漆器等。镐京、商丘与曲阜附近的周代漆器遗存有鼍鼓、特磬之类的乐器。这些漆器明显与《诗经》中描写贵族宗庙祭祀的乐歌直接关联。雕花彩绘、施红黄绿三彩、镶嵌蚌饰等奢华漆器，说明《诗经》奢侈叙事与贵族的生活是一致的。从漆器的镶嵌蚌饰看，西周社会贵族有"蚌饰天下"漆器的审美风尚；大量木胎漆器的出现则显示笨重的青铜器已经开始不适应贵族的需要了。

《诗经》"器盖天下"之名物是西周的生活场景与制度文化的再现。陈温菊在《诗经器物考释》[19]中曾详细考释了礼乐器、服饰器、车马器与生活杂器等200余件器物，其中不乏漆器。依据"陈本"，《诗经》中有礼乐器（玉礼器、青铜礼器、乐器等）、服饰器（佩饰器等）、车马、兵器、日用杂器（生活用具、罗网器具、农具与工具等）。所涉礼乐漆器主要包括琴、瑟、笙，兵器有彤弓，日用杂具有豆、罍、几、车马器等，这与贵族宗庙祭祀的乐歌以及出行生活有密切关系。在《诗经》的时代，中国的琴瑟乐器十分流行。譬如信阳长台关（1957年）出土的彩绘狩猎场景的漆瑟、长沙马王堆（1972年）1号墓出土的十分精美的漆瑟、湖北随县（1978年）战国初期曾侯乙墓出土的十弦漆琴与漆笙。《诗经》中大量出现的漆乐器不仅反映出贵族宗庙祭祀乐歌的需要，也昭示了大漆乐器背后的制度性文化内涵。《诗经》中不仅有琴瑟之美，还有"彤弓受言"之礼。《诗经·小雅·彤弓》曰："彤弓弨兮，受言藏之。"题解《毛序》曰："《彤弓》，天子锡有功诸侯也。"锡，赏赐也[20]。彤弓，即用大漆髹成的弓。《诗经》之"彤弓受言"折射出西周社会战争与礼仪等社会面貌：一是"彤弓"是战争与兵役的再现；二是"彤弓受言"折射出西周社会贵族王室要员获得漆器的方式是赏赐。"受器"之礼在《周礼·大宗伯》中有记载："一命受职，再命受服，三命受位，四命受器，五命赐则，六命赐官，七命赐国，八命作牧，九命作伯。"[21]这里的"受器"方式显示出大漆在社会中的地位高，且价值不菲。

《诗经》漆器叙事能昭示一种知识社会学的制器与用器的历史图像，尤其是"纳礼于器"的知识社会学命题在《诗经》中表现明显。西周丰镐可谓"器盖天下"，《诗经》之器蕴藏着历史的温度、文化的高度与审美的风度。"器以藏礼"与"尊礼用器"是中国古代制器与用器的特征。《榕村续语录》云："器有二义：一是学礼者成德之美，一是行礼者明用器之制。"[22]"纳礼于器"是中国古代礼器文化承载道的方式。在《诗经》叙事地理空间中发掘的墓葬木胎漆礼器与青铜礼器的组合、漆礼器与青铜礼器的师承关系、北方黄河流域在西周时期出现漆器工艺的兴盛、螺钿镶嵌技艺在春秋战国时期走向式微，这些都反映出诗学中知识社会学叙事的历史遗存图像。

西周末年以来，由于"天命神学"发生了动摇，中国思想开始走向"诸子时代"，其中以儒家孔子与道家老子为思想代表。春秋时期的中国思想已然突破殷周以来的宗教伦理思想，以"理性"取代"宗教"，开始了中国思想发展的辉煌时期。

三、上古器物的宗教叙事机制及其启示

器之为器，指向社会文化及其意义建构的深处。概而言之，一部器物文化史就是器物的语图史、宗教史与角色史。在上古器物宗教叙事的分析中，至少能获得以下启示：第一，上古器物叙事具有了宗教化视觉传播习惯。上古先民已然懂得使用器物去装载他们的原始宗教思想，从而在器物的使用行为或仪式活动中溢出人文伦理思想。抑或说，器物具有的文化承载功能在上古先民的社会活动中已经被发现并被频繁使用，于是出现了器物的宗教装饰的视觉表达习惯。这种朴素的器物装饰视觉传达传统为后世器物文化发展提供了丰厚的滋养，以至于中国古代在器物文化海外传播中获得了世界性"品牌"文化形象。第二，上古器物叙事装载了合"礼"性"文"化思想。上古先民在器物上装载宗教文化的视觉图像传统对合"礼"性宗教文化发展起到了一个很好的介质作用，反映了当时人们对自然物象的观察与抽象，以及先民对自然世界的观察视角及其偏向，也体现出先民对器物的"文"（纹）、"形"（态）、"质"（料）的象征意义与符号化隐喻的溢出能力。但这种对器物"文"的过度偏向导致后世中国造物理念的合"礼"性技术发展步入了漫长的"重礼轻器"之趋向，以致中国古代工匠技术发展受制于人文思想。第三，上古器物叙事扮演与发挥了社会文化角色。宗教在器物文化发展中扮演了重要角色，宗教仪式成为器物的仪式，进而影响到古代制器思想或造物观念。上古宗教与国家关系密切，因而器物在国家层面所扮演的文化角色传统形成了。于是，后世出现了"器贡""器物外交"等发挥器用文化特色的社会活动。第四，上古器物叙事是一种自我意义的经验建构。上古宗教社会语境对器物的功能溢出与意义建构具有一定的干扰倾向，社会语境也因此决定了器物的叙事本质及其意义建构方向。

上古器物的宗教叙事机制对于当代器物制造及其意义建构具有深刻的启发价值，尤其在当代"中国制造"的语境下，如何实现器物的文化叙事功能

溢出关系到器物文化被使用与传播的核心问题。其一，上古器物叙事的宗教理性实则是一种超强的人文理性，即在器物制造中实现人文思想。在当代，中国制造的人文理性远落后于技术理性，致使中国制造在世界范围内失去了古代中国器物制造的人文魅力。同时，中国制造也就失去了全球产品市场的竞争力以及由此带来的国际化人文影响力。为此，欲想实现中国制造向中国创造的转型，必须重视与加强产品叙事的人文内涵。其二，上古器物叙事的宗教意义建构实则是一种自我意义建构，即通过器物实现自我的人性化生存。在当代，中国制造的质量与人性化生存之间还存在许多不尽如人意的地方，这表现在中国制造的速度、品类以及内涵上明显与大国产品质量的世界身份不相符。其三，上古器物叙事的宗教功能溢出实则是一种文化溢出，即借助器物传播思想。在当代，中国产品的域外输出明显缺乏欧美国家产品的品牌文化功能，从而有损于中国产品的文化溢出效应，无益于提升中国文化在世界的身份与地位，这与中国作为世界大国的形象是不符的。因此，若要实现从中国产品向中国品牌转型，提升产品的叙事功能及其文化溢出的能力是关键。

简言之，通过对上古器物具有的宗教叙事理性、意义建构与功能溢出的简要分析，将有助于理解当代中国制造的文化叙事与域外输出，从而增益于实现中国制造向中国创造、中国速度向中国质量、中国产品向中国品牌的三大重要转型。

注　释

① （清）阮元校刻：《十三经注疏》（《春秋左传正义》），北京：中华书局，2009 年，第 4056 页。

② （清）阮元校刻：《十三经注疏》（《礼记正义》），北京：中华书局，2009 年，第 3563 页。

③ 中国社会科学院考古研究所二里头队：《1980 年秋河南偃师二里头遗址发掘简报》，《考古》1983 年第 3 期，第 204 页。

④ 中国社会科学院考古研究所二里头工作队：《1981 年河南偃师二里头墓葬发掘简报》，《考古》1984 年第 1 期，第 40 页。

⑤ 中国社会科学院考古研究所二里头工作队：《1984 年秋河南偃师二里头遗址发现的几座墓葬》，《考古》1986 年第 4 期，第 319 页。

⑥ 固始侯古堆一号墓发掘组：《河南固始侯古堆一号墓发掘简报》，《文物》1981 年第 1 期，第 1—8 页。

⑦ 北京大学历史系考古教研室商周组编：《商周考古》，北京：文物出版社，1979 年，第 265 页。

⑧ 谢尧亭：《山西翼城县大河口西周墓地获重要发现》，《中国文物报》2008 年 7 月 4 日第 5 版。

⑨ 湖北省文物考古研究所等：《湖北随州叶家山西周墓地发掘简报》，《文物》2011 年第 11 期，第 56 页。

⑩ 中国社会科学院考古研究所沣西发掘队：《1967 年长安张家坡西周墓葬的发掘》，《考古学报》1980 年第 4 期，第 474 页。

⑪ 陕西省博物馆、陕西省文物管理委员会：《陕西岐山贺家村西周墓葬》，《考古》1976 年第 1 期，第 37 页。

⑫ 陕西周原考古队：《扶风云塘西周墓》，《文物》1980 年第 4 期，第 47 页。

⑬ 张长寿、张孝光：《西周时期的铜漆木器具——1983—1986 年沣西发掘资料之六》，《考古》1992 年第 6 期，第 550 页。

⑭ 中国社会科学院考古研究所沣西发掘队：《1976—1978 年长安沣西发掘简报》，《考古》1981 年第 1 期，第 17 页。

⑮ 中国社会科学院考古研究所丰镐发掘队：《长安沣西早周墓葬发掘

记略》，《考古》1984年第9期，第779页。

⑯周原扶风文管所：《陕西扶风强家一号西周墓》，《文博》1987年第4期，第6—7页。

⑰宝鸡市博物馆：《宝鸡竹园沟西周墓地发掘简报》，《文物》1983年第2期，第3页。

⑱山东省博物馆：《临淄郎家庄一号东周殉人墓》，《考古学报》1977年第1期，第474页。

⑲陈温菊：《诗经器物考释》，台北：文津出版社，2001年。

⑳（清）阮元校刻：《十三经注疏》（《毛诗正义》)，北京：中华书局，2009年，第901页。

㉑（清）阮元校刻：《十三经注疏》（《周礼注疏》)，北京：中华书局，2009年，第1495页。

㉒（清）李光地著，陈祖武点校：《榕村续语录》，北京：中华书局，1995年，第615页。

第五章

-

早熟之美
——殷周漆物
的技术与观念

以艺术社会史视角，殷周漆物已然超越物本身而成为中华礼乐文明的重要标识。在使用场景上，殷周漆物主要被使用于日常礼仪、宗庙祭祀、兵役战争等社会空间，并显示出殷周漆工在漆液炼制、配料配方和髹色画缋等层域的早熟性技术成就。这些技术形成路径或源自经验性习得、礼乐性适应和探索性发现。探究殷周工匠的用漆空间、技术与观念，或能还原殷周社会的宗教表象、审美惯例和礼乐事实，抑或能回溯出殷周社会的宗教生活、美学观念和礼乐精神。

殷商时期是中华工匠文化的奠基阶段，在工匠制度、行业组织、生产体系、教育模式、精神观念等诸多方面向世界展现出中国特色的工匠文化的主体性、本源性和原创性，并显示出殷周工匠与礼乐社会的密切关系。

1. 基本问题

尽管艺术史或文化史学界对殷商文化研究表现出较为活跃的态势，但仍存有以下三端偏向或不足：一是对殷周青铜器、玉器、原始陶瓷、金文、甲骨文等物体系的研究较多，而对殷周物体系中的漆物研究则相对较少；二是对殷周的艺术考古史、工艺观念史、艺术文化史研究较多，但对殷周的艺术社会史研究则相对较少；三是对器物文化研究较多，但对工匠文化研究较少，尤其对殷商时期的工匠主体关注不够。导致上述殷商文化研究缺失的原因是多方面的：一是殷商史本身研究难度较大。由于商周社会离已知社会体系及其文明样态时间较远，以至于殷商年代学、殷商观念史、殷商艺术史、殷商制度史等领域的研究存在较多不确定因素。尽管金文、甲骨文等提供了第一手文献资料，但对此研究难度极大，甚至有学者称"夏商周研究不宜过早下结论"。二是中国学界一直以来对工匠文化的研究是不够重视的，主要原因在于我们对工匠不够重视，工匠也很少被正史记载在册，以至于我们的工匠文化研究几乎是偏废的。一直到现今，中国的文化史（包括科技史、艺术史、美术史、美学史等）仍不够重视工匠文化体系的研究。

实际上，殷商工匠文化在整个中华工匠文化体系中享有特殊的地位，特别是一些具有中国特色的主体性、本源性和原创性的"中华考工学"（中国特色的设计学）体系是在此时诞生的。譬如在概念体系上，出现了诸如工、史、考工、考工令、工匠、工师、军匠、医工、星工、匠师、工官、官工、百工、宗工、客工、卜工、巧工、淫巧、吏工、大工、国工、女工、水工、共工、匠工、良工、司空、将作等具有中国特色的本源性概念；在命题体系上，产生了诸如"制器尚象""法天象地""立象以尽意""形器制法""道器不二""备物致用""开物成务""器疏以达""象其物宜""工贵信""百工咸理""工无苦事""工无二伎""毋作淫巧""百工维时"等具有超世性中国特色的考工学命题；在制度体系层面，出现了世袭制、女工作文采、男工作刻镂、工商食官、处工就官府、工之子恒为工、工官制、徒隶制、工巧奴制等具有后世深远影响的工匠制度模式；在技术体系上，出现了木工、土工、金工、石工、陶工、染工、漆工、织工、轮工、玉工等行业的技术形态；在教育体系上，出现了宗族模式（"工匠之子，莫不继事""工精于器，不可为器师"）、师徒模式（乡师、私徒属）等影响后世几千年的工匠教育模式；在组织体系上，出现了官府组织机制（"四民分业""四民不杂处"）和宗族手工业（徒隶、工巧奴）形态等；在生产体系上，出现了与工匠手工业密切相关的工伎射事、士冠礼、礼器、受器（锡命）、殉葬、祭祀、兵役等领域的工匠手工生产体系。上述所涉工匠之概念、命题、技术、教育、组织以及生产等层域的工匠文化体系既是原创的、本源的，又显示出主体性特征。

在发展水平上，殷周工匠文化或已跨入了中华工匠文化的早熟期，这主要体现在工匠制度体系、思想命题体系、造物美学体系及其生产技术体系的早熟性征，尤其在青铜器、漆器、原始陶瓷等领域显示出中华工匠的非凡智慧和卓越才华。究其原因，殷周工匠文化出现早熟体征至少有以下三层原因：宗族制形成、祭祀礼乐盛行和工商食官制。首先，宗族（大宗或小宗）制形成了以"帝工"为核心的具有高度统一的工匠文化体系，从而保证了工匠生产的分工、时间、材料、制作、观念等诸多方面的集权性（"处工就官府"）与统治性（"工商食官"）。其次，殷周社会活跃的礼乐仪式或宗祖崇拜必然要借助器物体系来表达天帝旨意或自我思想体系。譬如占卜器物及其仪式舞乐的诞生就源于占卜、祭祀的需要，以至于祭器生产被纳入殷周工匠重要的工作体系。最后，殷周社会十分注重发展工商业，特别是在早期，国家十分重视工匠在社会体系中的作用。譬如金文中的"百工"与"臣妾"并列，管子将"士农"与"工商"并列，并认为士农工商四民者乃国之柱石。到了东周时期，随着各诸侯的竞争以及诸子思想的涌现，手工业更是受到各诸侯的青睐。显然，殷周社会对工商业的重视刺激了工匠文化的早熟性发展。当然，青铜器、漆器的大量出现是殷周社会发展水平的典型标志，也是社会分工及其社会矛盾的集中体现，并暗示了社会物质消费领域存在着不可调和的阶层矛盾，尤其是"士大夫不杂于工商""出乡不与士齿"等规约显示出殷周社会体系中士与工的对抗和矛盾或已出现，也使得"帝工时代"的工匠圣人（"工匠之事，皆圣人之作也"）地位走向徒隶的历史命运。从本质上说，这是社会分工和国家私有制发展所造成的。

2. 理论视角

在研究方法上，殷商学或殷商史研究主要采用考古学、年代学、文字学、文献学以及其他自然科学等研究方法，通常只能是通过"已知"探究"未知"，或者通过"晚近"推知"远期"，或借助"实验"分析"现象"等学术路径展开殷商史研究。在所有殷商艺术研究中，"工匠与社会"是文化史家或艺术史家首先要遇到的一对看似简单而又非常复杂的学术范式。因为工匠现象必然是社会现象的一部分，所以，工匠的艺术社会史研究必将成为一门学科知识形态。抑或说，工匠的艺术社会史是一个把工匠作为一种社会现象来研究的学科范式。

在学科谱系上，较早用艺术社会学的观点来阐释艺术的社会史家是匈牙利的阿诺尔德·豪泽尔（Arnold Hauser，1892—1978年）[1]，他试图将特定历史时期的艺术风格和特定社会阶层关联起来分析，进而在宏观层面上探究艺术史的社会化演进规律及其历史逻辑。但豪泽尔的理论及其观点遭到了英国贡布里希（Sir E. H. Gombrich，1909—2001年）的批判，他指责豪泽尔"历史决定论"和"阶级决定艺术论"的思想是生硬的、静止的，或是有偏颇的。对此，贡布里希提出了自己的思想观点：艺术史研究不仅仅依赖"主题"（阶级）研究，还要通过"规划"（艺术时间）和"惯例"（艺术传统）范式[2]进行微观细节研究，艺术史家要关心"不断变化的物质条件"和时间轴上的艺术现象。贡布里希的艺术社会史理论得到了英国艺术史家 T. J. 克拉克（Timothy James Clark）的回应与改造，克拉克既坚持将艺术研究纳入大的社会语境，又承认作为"惯例"存在的艺术是自律的，并作为一种自主的意识形态表象存在，从而在研究体系上建构了艺术史研究的三大范式③：表象（意识形态）、惯例（艺术传统）和事实（社会现实）。因此，在克拉克那里，工匠、器物、艺术、阶级、意识等都是"社会表象"，都是社会发展进程的一个"历史细部"，它时刻处于历史的发展变动之中。显然，克拉克放弃了豪泽尔的"历史决定论"，汲取了贡布里希的"艺术惯例论"，创立了属于自己的艺术社会史研究体系，进而有效地协同了艺术史研究的宏观与微观之间的互动关系，也处理好了艺术史研究"惯例"（历史）与"事实"（现实）之间的"表象"真实。

克拉克的艺术史模型为工匠的艺术社会史研究提供了有价值的理论启示：（1）工匠与社会的互动理论。工匠改变惯例的力量或压力来自社会现实，工匠建构了社会现实，社会现实也在建构工匠。这个"社会现实"即"社会事实"，譬如社会制度或工匠传统的力量，或工艺新材料和新技术的事实，上层社会对工艺品喜好的事实，社会市场、战争、贸易、宗教等事实。显然，工匠和社会是互动的，具有相互建构的力量与介导作用。（2）工匠与手艺物的分离理论。工匠造物的动力来源于手艺传统与社会现实，或者说手艺传统和社会现实驱使工匠创造了大量的奢华手艺物品，或成就了工匠精神，但并没有因此成就工匠本身，历史上因工匠技术或思想而成就工匠自我的例子仅占少数（如蒯祥）。因此，工匠与他自己生产的手艺物品是分离的、异化的。（3）工匠、惯例和社会现实的协同理论。传统的惯例是工匠文化传承和学习的重要内容，如果没有工匠的惯例文化，也就没有了创作来源。同时，惯例除了成就了工匠之外，也成为社会现实。抑或说，惯例成为社会现实之基，社会现实反过来又介导工匠或惯例。因此，工匠手艺的力量并非完全来源于惯例或社会现实的力量，工匠、惯例和社会现实之间是协同的、共生的。更进一步地说，绝大多数"工匠问题"根源于社会事实，回答、解决这一问题必须回到社会事实本身。工匠的生活、行为与风俗及其传统的改变必然受制于社会现实，也只有通过社会现实才能还原工匠事实。

因此，"互动""分离""协同"的三大艺术社会史研究范式或许是解读工匠文化的有效路径，"工匠与社会"是一对可通约的艺术社会史研究范式。那么，工匠的艺术社会史研究的根本路径有哪些呢？归纳起来大致有三种：一是从工匠主体的内部延展至社会外部（宏观研究）；二是从工匠文本（造物）延伸至社会现实（中观研究）；三是从造物图像推衍至社会观念（微观研究）。

一、主要物证与文献

1. 主要物证

在克拉克看来，出土物证不过是社会表象，但它能在数量、品类和质量等层面显示出传统惯例和社会事实。因此，漆器作为殷周工匠社会史的表象或物证是窥视殷周社会历史及其惯例的重要依据。

从考古发掘看，殷周漆物主要分布在河南、陕西、山西、湖北、山东、河北等空间区域，这与殷周人活动的中原地带大致是相匹配的。具体出土的具有代表性的物证有：河南偃师二里头遗址（1980 年）①、河南固始侯古堆 1 号墓（1978 年）、山西长治分水岭（1972 年）春秋中期墓（M269）、山西翼城县大河口（2007 年）西周墓（M1）、湖北随州叶家山（2011 年）西周墓。上述漆物空间分布说明当时位于今陕南到鄂西北以及晋南、晋中等地的贵族大量使用漆器。陕西沣西（1967 年）115 号墓、陕西岐山县（1973年）贺家村西壕发掘清理的西周墓、云塘等地（1976 年）发掘的部分西周墓葬、张家坡（1983—1986 年）西周墓、长安沣西客省庄和张家坡墓、长安县沣西公社张家坡村四座周墓、扶风县黄堆乡强家村（1981 年）一座西周墓、宝鸡竹园沟（1976 年）西周墓，以上都城镐京（陕西西安）的大量漆物遗存显示了这里漆物使用量很大，较其他地方更常见，尤其是贵族宴飨乐歌是离不开漆器的，特别是具有等级制度象征的食器与酒器。镐京及其附近出土的漆器数量庞大、组合有规制以及镶嵌繁缛，这些与《诗经》之《雅》的叙事物理空间是对称的。

从上述出土漆物看，我们至少能得出一些物质性的殷周漆物表象和事实。在材料或胎质上，均以木为主，也有少量铜胎，或镶嵌玉石，也出现了少量金饰等，且胎较薄；在装饰或纹样上，有彩绘雕花、兽面纹雕花、黑地红彩、骨饰彩绘、蚌饰彩绘、饕餮纹彩绘、朱地黑彩、变形窃曲纹、波纹、三角纹、方格云雷纹、花鸟纹、螺旋纹等；在造型上，有筒形、羊形、长方形、圆形、喇叭状等；在技术层面，有彩绘、镶嵌、雕刻、涂髹、挖斫、贴金、调色等。另外，上述殷商出土漆物多与其他墓葬器物呈组合放置，在墓葬空间中承担特定的具有互动和协同性质的角色扮演功能。从地下空间的漆器或能"回想"地上空间的社会事实，亦能推演这些漆物表象背后的工具角色、宴飨角色、舞乐角色、祭祀角色、战争角色、占卜角色等社会中的扮演角色；同时，这些规格较高的墓葬及其漆器数量还显示出墓葬者的身份，空间中的漆器群或为整套组合礼器。简言之，上述殷商漆物或指向一个事实表象：漆物藏礼或成为礼器套件中的功能角色，这些漆物的物质表象或源于殷商之前的传统惯例和殷商社会的事实力量。换言之，表象、惯例和事实三个变量协同力量迫使殷商漆物的角色化和社会化的出场。

2. 主要人证

从上古到殷周，中华工匠创造了史前到殷周辉煌的物质文明，在石器加工、青铜铸造、陶器烧造、玉石装饰、漆器涂髹、沟洫营造等领域开创性地谱写了中华文明早期的工匠文化。根据传说或史料记载，上古至殷周时期诞生了黄帝、高元、宁封、赤将、鲧、倕、奢龙、左彻、禹、公刘、仇生、傅说、任奚仲、乌曹、桀、昆吾氏、伯益、古公亶父、泰伯、姬旦、姬虎、士弥牟、楚庄王、楚灵王、弓工、西门豹、史起、九敬仲、驷赤、襄、路、寿、齐、商阳、赤、子西、翰、叔、鱼、鲁鄙人、公输般、墨翟、管仲、蔫贾、皇国父、敬君、龙贾、华元、李冰、蔫敖、郑国、范蠡、伍子胥、许绰等众多中华名匠。在这些工匠中，存在着四大工匠序列，即帝匠、王匠、臣匠和民匠。帝匠序列如黄帝、鲧、禹等；王匠序列如楚庄王、楚灵王等；臣匠序列如高元、宁封等；民匠序列如弓工、公输般等。上古至殷周时期的工匠（管理）体系或可称为"帝工体系"，即"智者体系"或"圣人体系"。因为从史前到殷周时期，工匠序列呈现帝王化、英雄化和神圣化的特征。譬如，黄帝→（司空）→奢龙（工师）→工官（鲧）、匠官（高元）、陶官（宁封）、木官（赤将）→巧工（倕、左彻、嫘祖），这一脉络清晰的家族式"帝工体系"显示出工匠群体的类型特征，它至少表现在以下几点：（1）多为氏族首领；（2）被崇拜的圣贤人物；（3）箭垛式人物；（4）国之贤臣；（5）位居高层的工官、工师；（6）发明创造者多为圣人。由于上古工匠多是集体创作，留下来的工匠之名少之又少，大半部分是氏族首领、工师、工官和圣人。"帝工体系"证明了上古工匠文化的传承主要在家族内部，帝王也不例外。譬如"黄帝→昌意→颛顼→鲧→大禹→启"，这个家族的工匠传承脉络是十分清晰的。

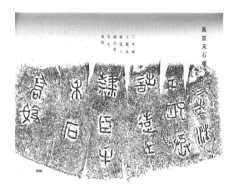

▲ 图 1　金文中漆工和漆工师

　　在百工体系层面，殷商时期出现了体系比较完备的百工体系。譬如金文中出现的百工序列有：（1）工大人体系。如工大人耆、曾大工尹季怡等。（2）少府体系。如少府工僬等。（3）工师体系。如工师稽、工师钐、左库工师臣、高奴工师灶下库工帀孙屯、工师北宫垒、西工师垒、造东工师宦等。（4）库工体系。如右库工帀貉鴋、右库工帀高雁、右库工帀司马雖、右库工帀杜生、右使车工疥、邦上库工帀韩山、邦左库工帀长蘁、邦左库工帀肖瘠、邦左库工帀邶段、邦左库工帀长身、左库工帀吊梁扫、左库工帀司马裕、邦左库工帀邶段、邦右库工师司马郤、往库工帀皇佳、下库工帀长武、下库工帀王岂、上库工帀宋定、上库工帀戎闲、下库工帀皈石、下库工帀孙臭、上库工帀乐星等。（5）得工体系。如右得工、左得工、得工伙、得工治朤所教。（6）一般工体系。如蜀西工、寺工謽、寺工献、州工帀明、咸工帀叶、工虡、工帀罜瘳、工帀牫漆、工罶、工帀宋费、工夏吴、工孟鲜、工寅、工奭、工遒、工上造但，工欨造、工帀贾疾等。

　　根据金文记载，漆工是殷周社会的工种之一（见图 1 和表 1[⑤]），或已出现生产体系中的漆工工序。譬如有“漆垣工师爽”“漆工师瘠丞”“漆工师豬”“漆垣工帀爽”“漆垣”“漆工胸”“漆工朏”“漆西”“漆工疾”等。根据金文所记载的漆工史料显示，殷周已出现分工明细的漆工生产体系和师徒管理体系，漆工成为工匠造物体系中的重要一环，但并非一种独立工种。因为直至《考工记》诞生，该文献中并未出现“髹人”或漆工这种独立的工种。

表 1：殷周金文漆工记载

编号	器号	器名	释文
10384	1	高奴禾石权	三年。漆工䣫。丞诎造。工隶臣牟。禾石。高奴。
10935	1	漆垣戈	漆垣。
11298	1	二年州句戈	二年。州句□□忿。工帀狭漆。丞造。
11360	1	元年　令戈	(元年。□命夜□。上库工帀□。□冶。　) 漆西。
11362	1	二年上郡守戈	二年。上郡守庙造。漆工疾。丞　隶臣宁。
11363	1	□年上郡守戈	(□年。上郡守〔寿之〕造。漆垣工师爽。工更长犄。) 定阳。
11369	2	三年上郡守戈	三年。上郡守冰造。漆工师痦丞。□工城旦□。
11374	1	二十七年上守赵戈	廿七年。上守赵造。漆工师豬。丞扰。工隶臣䜌。
11378	1	上郡武库戈	(十八年。漆工朐。□□丞巨造。工正。) 上郡武库。
11404	1	十二年上郡守寿戈	(十二年。上郡守寿造。漆垣工师爽。工更长犄。) 洛都。洛都。□广衍。欧。
11405	1	十五年上郡守寿戈	(十五年。上郡守寿之造。漆垣工帀爽。丞□。冶工隶臣犄。) 西都。中阳。

3. 核心文献

有关殷周漆事，在《尚书》《周易》《诗经》《墨子》《庄子》《韩非子》《礼记》《考工记》等文献中均有记载。

在殷周时期，漆器由一般的饮食器皿扩大到车辆出行、礼仪战争、祭祀舞乐等其他生活领域，并由原来的一般性"民器"逐渐过渡到国家立场上的"礼器"或"神器"。《周礼》云："御史：掌邦国都鄙及万民之治令，以赞冢宰。……王之丧车五乘……驶车，萑蔽，然欚，髹饰；漆车，藩蔽，犴欚，雀饰。"⑥ 这里王之丧车五乘之一的"驶车"，即用漆髹饰的马车。郑玄注："髹，赤多黑少之色。"颜师古曰："以漆饰物谓之髹。""髹饰"则指"用赤黑色装饰"。殷周漆物是等级身份的象征，它不仅表现在车饰上，还表现在服饰上。《礼记》曰："君盖用漆，三衽三束；大夫盖用漆，二衽二束；士盖不用漆，二衽二束。"⑦ 可见，君与大夫可以用漆，而士则不能用漆，这说明周代卿大夫的家臣或贵族阶层的士人地位明显低于君与大夫。漆文化所体现出的"五服制度"直接暗示对漆物的艺术社会史分析有利于再现历史，包括漆物本身。

《考工记》是中国漆学之首部知识文本。该文献记载了战国之前的漆乐器、漆弓、漆车、漆革等，揭示了漆作相关社会史信息。尤其是文献中记载的"漆欲测""冰析潘""漆三斛""漆其二"等髹漆技术，证明殷周时期的漆科学已相当发达。

二、空间与场景

空间是时间存在的载体，场景是时空文化复现的表象。空间和场景是反映殷周社会及其漆物文化的两个重要惯例入口和事实维度。漆物被使用空间的广度是漆器文明的深度体现，场景则是体现殷周漆物使用空间和技术水平的重要参数。

1. 使用空间

在考古出土的殷周漆物中，漆器占据多数。在器型层面，殷周漆器主要有漆盒、漆盘、漆豆、漆杯、漆壶、漆案、漆钵、漆瓴、漆鼓、漆雕木瑟、漆镇墓兽、漆俎、漆桶、漆罍、漆尊、漆弓等，这些主要是一些酒器、饮食器、乐器、兵器等，另外还有些漆物，如漆乘舆、漆屏等。其大致的使用领域有饮食宴飨、礼乐舞蹈、占卜祭祀、兵役战争等四大空间。

2. 场景复原

场景是研究空间中的时间特征及其文化活动的重要参数。殷周漆物的使用场景或能借助《诗经》的叙事内容，再现《风》《雅》《颂》中的殷周社会漆物的风貌。《诗经》中有大量漆物叙事，这些漆物实体既是殷周思想和观念的载体，也附着了很多文化现象及其礼仪制度。

第一，礼乐生活。陈温菊《诗经器物考释》[⑧]中曾详细考释了 200 余件器物，其中不乏漆器。在《诗经》时代，中国漆器十分流行，被大量使用于礼乐生活空间。譬如在镐京、商丘与曲阜附近，出土的周代漆器遗存显示有鼍鼓、特磬之类的乐器。《诗经》中有很多篇幅描述了琴瑟，如"椅桐梓漆，爰伐琴瑟""瑟彼玉瓒""瑟彼柞棫"等，除了漆琴瑟之外，还有漆笙、漆鼓，曾侯乙墓出土的彩绘漆笙，如"钟鼓既设，一朝飨之"。

第二，宗庙祭祀。在中原地带出土的漆物或与《诗经》中描写的贵族宗庙祭祀的乐歌是关联的，特别是雕花彩绘、施红黄绿三彩、镶嵌蚌饰等奢华漆器，暗示了贵族生活的富庶与奢靡。实际上，殷周贵族的宗庙祭祀是离不开漆物的。譬如《诗经》中记载"豆"的文字有多处，殷周时期"豆"是一种盛食物的高脚盘，也用于祭祀。《小雅·伐木》曰："笾豆有践，兄弟无远。"[⑨]在北京琉璃河（1981—1983 年）西周墓曾出土彩绘木胎漆豆，并镶嵌了蚌片与蚌泡[⑩]；在陕西长安县张家坡（1991 年）西周早期墓也出土过漆豆[⑪]。除了"漆豆"之外，还有"漆罍"，即殷周晚期与春秋中叶朝廷与贵族宗庙的礼器或酒器。北京琉璃河西周墓曾出土过西周彩绘木胎漆罍。《诗经》中有多处描写漆罍。譬如《大雅·泂酌》曰："泂酌彼行潦，挹彼注兹，可以濯罍。"[⑫]《风·卷耳》曰："我姑酌彼金罍，维以不永怀。"[⑬]王秀梅译注：金罍，青铜铸的酒器。此处"金罍"并非一定是青铜罍，也许为金饰之罍，如北京琉璃河西周墓出土的罍就是彩绘木胎漆罍。西周帝王赏赐"金车"最为常见，所谓"金车"，大概是部分构件为铜质或铜饰的，遂名"金车"。《周礼·巾车》曰："金路，钩樊九就，建大旂，以宾，同姓以封。"[⑭]郑玄注曰："金路，以金饰诸末。"[⑮]可见，"金罍"亦可为金饰木胎漆罍。以上《诗经》的诸种漆物叙事不仅反映了诗学具有的知识语用学功能，还呈现出其艺术社会史价值。

第三，兵役战争。殷周时期的漆物用于兵役战争，或用其馈赠。譬如《诗经》记载"彤弓受言"之礼。《诗经·小雅·彤弓》曰："彤弓弨兮，受言藏之。"[16] 彤弓，即用大漆髹成的弓，天子赏赐有功诸侯之物。《诗经》之"彤弓受言"折射出西周社会战争与礼仪等社会面貌[17]。这里的"赏赐"方式或显示大漆在殷周社会中的地位高、价值不菲。

漆物媒介表象是殷周文化现实、历史现实与审美现实的一次回响，它能确证殷周社会的礼乐、战争、祭祀以及人们的生活事实，或能昭示殷周的礼乐文化观、审美观及其宗教意识。

三、技术与观念

与史前相比，殷周社会的技术、观念及思想已经开始向礼乐化和宗教化方向定型，并试图用物用技术来表达社会观念和自我精神。具体地说，殷周时期的物用技术成为礼乐观念物化的一种可靠路径，漆物的物性、物美和物语成为殷周社会的政治美学、宗教美学和礼乐美学的可视化载体。

1. 殷周髹漆技术

殷周时期的髹漆技术在《考工记》中得到了全面总结。尽管《考工记》对髹漆的记载是零星的，但它已显示出殷周漆工在生漆炼制、生物功能、剂量控制、材料选择、配料配方、髹画绘事等方面的技术成就，这些技术形成路径或源自经验性习得、礼乐性适应和探索性发现。

第一，"受霜露""漆欲测"与"冰析澼"。《考工记》所载"漆受霜露""漆欲测"与"冰析澼"等范式充分体现了殷周漆工对自然生漆功能以及生漆炼制技术的认识。《考工记》曰："漆也者，以为受霜露也……漆欲测，丝欲沈……凡为弓，冬析干而春液角，夏治筋，秋合三材，寒奠体，冰析澼。"[18] 这里涉及髹漆的三个关键问题：其一，受霜露，即生漆能忍受霜露、耐严寒。其二，漆欲测，即漆欲清。漆清澈可测的要求，提出了髹漆中一个重要的炼漆技术。其三，"冰析澼"，即在冬天审查漆弓之漆是否黏合牢固。这里涉及古代髹漆"环澼之法"。澼，即用漆黏合，古作车辕漆也。《三礼辞典》对"环澼之法"释为："涂漆，在器上先涂胶，缠丝、筋等，然后再涂漆，突出成环状，名曰沂鄂。"[19] 环澼之法之作用为加固耐用。可见，《考工记》

这段文字显示了殷周漆工对生漆功能的认识以及对生漆炼制技术的把握，这些技术形成路径或源自探索性发现。

第二，"漆三斛"。《考工记》曰："九和之弓，角与干权，筋三侔，胶三锊，丝三邸，漆三斛。"⑲这里的"漆三斛"之"斛"，同"庾"，是古代斗类容器或计量单位，相当于今天的毫升。中国历史博物馆藏一容器容量为5.4毫升，铭文为一又二分之一斛强。据此可推算，"漆三斛"，即10.8毫升（5.4÷1.5×3）。《考工记》之"漆三斛"反映了殷周漆工在漆剂量与用料配方上的选择技术，这些技术形成路径或源自经验性习得。

第三，"秋合三材"。《考工记》曰："凡为弓……秋合三材。"⑳此处所谓"秋合三材"，即弓人造漆弓的三种重要材料：胶、丝、漆。它们要与干、角、筋黏合在一起。这里道出了漆弓中大漆材料的作用以及髤漆技法的规定性。那么，为何要选择生漆呢？《考工记·弓人》曰："弓人为弓，取六材必以其时，六材既聚，巧者和之……漆也者，以为受霜露也。"㉒大漆作为弓之"六材"之一，具有防霜露侵蚀之用。也就是说，殷周以来漆工已经认识到大漆的性能，并懂得大漆的防腐、防潮、耐酸等用途。《礼记·檀弓上》曰："君即位而为椑，岁以漆之，藏焉。"㉓说明生漆有很好的防腐功能，可以在地下长久保存。《考工记》所记载的"秋合三材"显示出殷周以来漆工对漆材料科学的掌握或已成熟，这些技术形成路径或源自探索性发现。

第四，"漆其二"。《考工记》曰："凡斩毂之道，必矩其阴阳……是故六分其轮崇，以其一为之牙围；参分其牙围而漆其二，椁其漆内而中诎之。"㉔这里的"牙围"，即轮圈的内外半径之差。"中诎之"，即缩短一半。这句话的意思是：所以牙围取轮子高度的六分之一，其内侧的三分之二髤漆，量度轮子漆内的直径折半作为车毂的长度。1995年，山东大学考古系在山东长清县仙人台发掘周代墓地时，发现遗存之"车轮共发现5个，编号为A、B、C、D、E，分别斜倚在南壁和东壁。东壁有3个，南壁的东西两头各1个，其中保存相对较好的有C、D、E轮。A、B轮不加漆饰，可能为一套；C、D轮则涂有红色与黑色的漆，应为一套；E轮不加饰漆，应属另一套"㉕。可以推测，加漆髤饰疑为"参分其牙围而漆其二"。《考工记》记载的"漆其二"思想显示出殷周以来漆工对髤漆耐磨功能的认识，也见出他们对髤漆技术的掌握已相当娴熟，这些技术形成路径或源自经验性习得或礼乐性适应。

第五，"画缋之事"。《考工记》曰："画缋之事，杂五色……杂四时五色之位以章之，谓之巧。凡画缋之事后素功。"㉖这段文字基本上规定了漆画的用色原理与秩序：色之事像，即"东方谓之青，南方谓之赤，西方谓之白，北方谓之黑，天谓之玄，地谓之黄"；设色操作，即"青与白相次也，赤与黑相次也，玄与黄相次也"；配色之名要，即《考工记》所云"青与赤谓之文，赤与白谓之章，白与黑谓之黼，黑与青谓之黻，五采备谓之绣"；画缋之巧，即"杂四时五色之位以章之，谓之巧"；画缋步骤，即"凡画缋之事后素功"。所谓"画缋"，或为"缋画"，同"绘画"；素，指织物光润则易于下垂，本义是指没有染色的丝绸；"素绚"，即绚素，指白绢绘以文采或在绘画上施加白采而显得绚丽。"画缋之事后素功"之惯例被汉代继承为"下漆而上丹"。《淮南子·说山训》云："工人下漆而上丹则可，下丹而上漆则不可。"㉗丹与漆的先后使用可以从出土的漆器铭文中窥见，譬如大同石岩里丙坟出土的漆耳杯铭文："始元二年……髹工当（下漆），汨工将夫，画工定造（上丹）。"㉘《考工记》之"画缋之事"反映出殷周漆工绘画之技术，这些技术形成路径或源自礼乐性适应和经验性习得。

《考工记》揭示殷周漆作技术的潜信息，其中"漆欲测""冰析澼""漆三斛""秋合三材""漆其二""画缋"等无疑反映了殷周漆工的髹漆技术，它们或源自经验性习得，或源自礼乐性适应，或源自探索性发现。

2. 殷周漆物的社会观念

殷周时代，中国宗教、伦理和政治思想已然步入定型化发展时期。在观念层面，殷周社会在宗教美学、伦理美学与政治美学等层面的观念表现突出。

在宗教美学层面，殷周漆物作为器用的对象，在使用过程中产生了器具崇拜的宗教美学，进而将漆物作祭器、神器使用，具有了宗教仪式功能。《礼记·表记》载："殷人尊神，率民以事神，先鬼而后礼。先罚而后赏，尊而不亲。"㉙占卜事神成为殷商人普遍的文化现象。在宗教仪式中，有"巫舞"，就有"巫乐"，用"乐"诏告神祇是宗教传播的重要手段。《礼记·郊特牲》曰："声之号，所以诏告于天地之间也。"㉚有"坛"就有坛上之饰"器"（祭器），同样，有"乐"就有口奏之"器"（乐器）。"乐"是原始先民对自然物体系与自身系统的一种发现与认知。在这一连串的宗教仪式活动中，它们为漆物的发展提供了宗教化土壤。

在伦理美学层面，殷周漆物上的饕餮、夔龙、云雷、圆点以及镶嵌在器皿上的金银薄片、蚌片等装饰物不仅反映了周人审美意识的萌芽，更体现出殷周社会伦理制度及其美学思想的发展。《周礼》中记载了"王之丧车五乘"之"駹车"的鬈饰与"漆车"之"雀饰"，这些鬈漆文字明显反映出鬈漆与礼制有密切关系。从造物之用的视角，殷周漆工所关注的漆物之道，即为实用。漆物不仅仅作为一般生活饮食之用，还作为宗教性的伦理精神之用。抑或说，殷周漆物还是与神灵交往仪式中的媒介物。殷周漆物之"道"在于"器用"，还在于"器礼"。那么，漆器之用，是"用"在先，还是"礼"在先呢？根据《礼记·礼运》曰："夫礼之初，始诸饮食。"[31]可见，漆器的实用功能要先于礼。同样《说文解字》曰："礼，履也。"[32]这也说明礼具有实践性品质。

在政治美学层面，殷周漆物作为贡物，反映了当时的社会政治及其关系状态。漆物是古代的九贡之一，专供宗庙器具之用。在阶级性或政治性上，物体系（包括现世的物质体系或明器组合体系）是思想体系及其背后的政治意识形态的表现。从器的角度，殷周礼器就是"神化"了的"人器"，亦作神器，即为人的活动、宗教崇拜与国家政治象征之器，譬如鼎在国家政治生活中的身份和地位。礼是古代政治生活中的大事，宗教祭祀、日常礼仪、朝廷仪式等都是礼的活动范围。因此，礼器作为庙堂之器也就具备了政治美学的内涵和基本规定。古时宗教祭祀用到了各种器物，如鼎、簋、觚、钟等之类。

但在分离理论视角，殷周工匠在创造这个社会的宗教美学、伦理美学和政治美学的同时，已然被殷周的宗教、伦理和宗教分离开来，萌芽了"士工不同齿"或"重士农抑工商"的区隔思想，进而迫使工匠从上古时期的帝工神坛滑入低谷。抑或说，在殷周社会制度下，工匠创造了殷周文化，但并没有因此而成就自我。

简言之，殷周漆物成为探究殷周工匠的艺术社会史的一个重要测度，它作为社会的表象，背后隐含着殷周社会的传统惯例和社会事实，尤其能透视出殷周社会的用漆空间、技术与观念。它或能复现殷周社会的宗教表象、审美惯例和礼乐事实，并在阐释中至少能得出以下初步结论：

第一，殷周时代的漆物不仅能作为礼乐之器、饮食之器，还能作为贡器或馈赠之器。漆物在仪式、饮食、战争、馈赠等文化传统中扮演着重要的社会化角色，其美学内涵已然超越物本身，并具备了宗教美学、伦理美学和政治美学的内涵偏向。

第二，殷周漆物的繁缛及其装饰风格已然再现了贵族生活的富庶和奢华，尤其从漆物的镶嵌蚌饰看，殷周社会贵族或有蚌饰器物的审美风尚；从部分带有金饰的漆物看，或能再现殷周贵族对黄金美学的偏好。另外，大量木胎漆器的出现也能显示笨重的青铜器开始难以适应贵族生活的需要，并将慢慢退出历史舞台。

第三，漆器是殷周社会礼乐制度及思想观念的物质载体。从器以藏礼与尊礼用器的殷周造物制度可以看出，殷周社会的意识形态已然从早期朦胧的氏族关系走向原始的礼乐伦理关系，并在伦理实践中逐渐形成了国家政治制度的觉醒。不过，在此语境下，工匠与社会俨然出现了从互动或协同走向分离或区隔的迹象。

简言之，殷周漆物是殷周社会文化的一面镜子，它不仅反映了殷周社会漆物的使用空间与髹漆技术，还折射出殷周艺术社会史中较为复杂的宗教美学、伦理美学和政治美学等思想观念。

注　释

① 参见［匈］阿诺尔德·豪泽尔：《艺术社会史》，黄燎宇译，北京：商务印书馆，2015 年。

② 参见 Arnold Hauser, *The Social History of Art*, 4 volumes, London and New York: Routledge, 1999 年。另参见［英］贡布里希：《理想与偶像：价值在历史和艺术中的地位》，范景中、杨思梁译，南宁：广西美术出版社，2013 年，第 62—89 页。

③ 参见 Clark, T. J., *The Painting of Modern Life*: *Paris in the Art of Manet and His Followers*. Chicago: University of Chicago Press, 1985，pp.4-22。另参见 Clark, T. J., *Farewell to an Idea*: *Episodes from a History of Modernism*. New Haven: Yale University Press, 1999，pp.2-12。

④ 中国社会科学院考古研究所二里头队：《1980 年秋河南偃师二里头遗址发掘简报》，《考古》1983 年第 3 期。

⑤ 参见中国社会科学院考古研究所编：《殷周金文集成》，北京：中华书局，1992 年。

⑥（清）阮元校刻：《十三经注疏》（《周礼注疏》），北京：中华书局，2009 年，第 1776 页。

⑦（清）阮元校刻：《十三经注疏》（《礼记注疏》），北京：中华书局，2009 年，第 2487 页。

⑧ 参见陈温菊：《诗经器物考释》，台北：文津出版社，2001 年。

⑨（清）阮元校刻：《十三经注疏》（《毛诗正义》），北京：中华书局，2009 年，第 879 页。

⑩ 中国社会科学院考古研究所等：《1981—1983 琉璃河西周燕国墓地发掘简报》，《考古》1985 年第 5 期。

⑪ 中国社会科学院考古研究所沣西队：《1987、1991 年陕西长安张家坡的发掘》，《考古》1994 年第 10 期。

⑫（清）阮元校刻：《十三经注疏》（《毛诗正义》），北京：中华书局，2009 年，第 879 页。

⑬（清）阮元校刻：《十三经注疏》（《毛诗正义》），北京：中华书局，2009 年，第 583 页。

⑭（清）阮元校刻：《十三经注疏》（《周礼注疏》），北京：中华书局，2009 年，第 1776 页。

⑮（清）阮元校刻：《十三经注疏》（《周礼注疏》），北京：中华书局，2009 年，第 1776 页。

⑯（清）阮元校刻：《十三经注疏》（《毛诗正义》），北京：中华书局，2009 年，第 879 页。

⑰（清）阮元校刻：《十三经注疏》（《周礼注疏》），北京：中华书局，2009 年，第 1495 页。

⑱（清）阮元校刻：《十三经注疏》（《周礼注疏》），北京：中华书局，2009 年，第 2022 页。

⑲钱玄、钱兴奇：《三礼辞典》，南京：江苏古籍出版社，1998 年，第 1251 页。

⑳（清）阮元校刻：《十三经注疏》（《周礼注疏》），北京：中华书局，2009 年，第 2024 页。

㉑（清）阮元校刻：《十三经注疏》（《周礼注疏》），北京：中华书局，2009 年，第 2022 页。

㉒（清）阮元校刻：《十三经注疏》（《周礼注疏》），北京：中华书局，2009 年，第 2022 页。

㉓（清）阮元校刻：《十三经注疏》（《礼记正义》），北京：中华书局，2009 年，第 2799 页。

㉔（清）阮元校刻：《十三经注疏》（《周礼注疏》），北京：中华书局，2009 年，第 1962 页。

㉕山东大学考古系：《山东长清县仙人台周代墓地》，《考古》1998 年第 9 期，第 15 页。

㉖（清）阮元校刻：《十三经注疏》（《周礼注疏》），北京：中华书局，2009 年，第 1986 页。

㉗（汉）刘安编，刘文典撰，冯逸、乔华点校：《淮南鸿烈集解》，北京：中华书局，2013 年，第 533 页。

㉘［日］海原末治，刘厚滋译：《汉代漆器纪年铭文集录》，《考古社刊》1937 年第 6 期，第 163 页。

㉙（清）阮元校刻：《十三经注疏》（《礼记正义》），北京：中华书局，

2009 年，第 3563 页。

㉚（清）阮元校刻：《十三经注疏》(《周礼注疏》)，北京：中华书局，2009 年，第 2022 页。

㉛（清）孙希旦，沈啸寰、王星贤点校：《礼记集解》，北京：中华书局，1989 年，第 586 页。

㉜（清）邵晋涵撰，李嘉翼、祝鸿杰点校：《尔雅正义》，北京：中华书局，2017 年，第 100 页。

第六章
-
"人多伎巧"
与"文质彬彬"
——"技术
—人文问题"在
先秦

在科技史领域，技术与人文是一对备受学界争议的问题范式。先秦时期，诸子开启了技术恐惧的政治批判与技术风险的人文化解蔽机制，实现了技术与人文从宗教神话批判向道德物化的转向，显露了先秦社会技术控制与人文偏向的思想萌芽，并呈现出先秦技术生成的人文根源与发展动力。同时，偏于人文的先秦技术物无疑增益了人文哲学思想的早熟，而人文哲学思想又反哺了技术变革及其造物文化。

立足于西方文化立场以及近代欧洲早期技术发展与科学诞生的社会背景，奥地利科学哲学家埃德加·齐尔塞尔（Edgar Zilsel，1891—1944）率先提出了他的研究论题："学者—工匠问题。"西方科技史学者在探究科技发展的社会学起源中所追问的"学者—工匠问题"主要是基于"人本身"的主体论思维，并在学者与工匠的"二元论"立场中考察西方科技发展的社会学动因。这种研究思维与立场恐有不足之处，即忽视了"物本身"在科技史研究中的重要作用。因此，西方部分学者开始对"齐尔塞尔论题"研究发生了从"人本身"向"思本身"的转向，即从"学者—工匠问题"向"技术—人文问题"的转向。可见，"物本身"（"齐尔塞尔论题"之前）—"人本身"（"齐尔塞尔论题"时期）—"思本身"（"齐尔塞尔论题"之后）是西方近代科技哲学研究的三大发展性的热点范式。

毋庸置疑，"技术—人文问题"作为科技史领域有争论的范式而存在被书写或正在被书写，学界对此问题的争论主要有以下立场。一是"偏向论"。面对技术发展所带来的发展性文化恐惧，法国哲学家吉尔贝特·西蒙登主张技术与人文"再联合"[①]。海德格尔对此问题的态度则是"科学不思考"。所谓"科学不思考"，意味着科学（技术）已然不能思考它自身[②]，因为迈向科学的技术已然吞噬了人类存在的文化本然存在。胡塞尔则认为："现代人让自己的整个世界观受实证科学支配，并迷惑于实证科学所造就的'繁荣'。"[③] 在此，海德格尔与胡塞尔在"技术—人文问题"上似乎站在了偏向于人文主义的阵营。二是"紧张论"。法国学者R.舍普对海德格尔与胡塞尔的"偏向论"持反向意见，他强调技术与人文的相持性同在。他在《技术帝国》中坦言："在技术与文化的争论中，我们不能无条件地向着技术，相反我们必须维持两者间的紧张状态。"[④] 显然，R.舍普对"技术—人文"持有适度紧张关系的立场，即不偏向于技术与人文的某一方面，而试图保持两者之间的适度张力。三是"交易地带论"。帕梅拉·隆（Pamela Long）在《工匠／实践者与新科学的兴起：1400—1600》（*Artisan/ Practitioners and the Rise of the New Sciences, 1400—1600*）⑤中提出了（技术）工匠与（人文）学者的"交易地带"（Trading Zones）理论，它偏向于保持技术与人文的双向优势互补，而丢弃二元论视野下的技术与人文之思维缺漏。四是"融合论"或"分裂论"。美国科技史学家乔治·萨顿（George Sarton，1884—1956）在《科学史与新人文主义》与《科学的历史》⑥中反复强调，科学史家应当重视科学（技术）与人文的融合。在他看来，科学史是人类文明与人文精神的中枢。由此，萨顿认为，科学史家的重任就在于架起科学史（包括技术史）与人文史的桥梁。另外，20世纪50年代末60年代初，英国学者查尔斯·斯诺（C.P.Snow，1905—1980年）在发表的系列文章中提出了"两种文化"（自然科学与人文社会科学）——"科学文化"（Scientific Culture）和"文学文化"（Literary Culture）——是难以融合的，即后来所谓的"斯诺命题"⑦，该命题坚持认为作为技术传统的自然科学与作为精神传统的人文社会科学是难以融合的。

上述四种对技术（包括科学）与人文关系的探讨，很明显出现了形形色色的分歧性论调，以至于它成为科技史领域一个重要的争议命题："技术—人文问题。"

就技术史而言，对"技术—人文问题"的追问能在一定程度上还原技术发展的人文原貌及其根源，其核心指向技术的人文社会关系问题。对此，我们至少要追问以下三个议题：第一，技术产生与发展的人文背景、根源及其动力；第二，人文思想渗透技术活动的选择偏向及其价值；第三，人文发展与技术发展的双向互动机制。

显然，这三个问题已然将"技术—人文问题"的研究带入动态人文社会中的宏观分析，即将"技术—人文"作为"社会关系的一员"进行动态考察。柏·基勒（Bertrand Gille）在《技术史》（*Histoire destechniques*）（1978年巴黎Gallmard出版）中认为，技术史的书写必须摆脱"孤立的技术"叙事模式，应当在"静态的水平"与"动态的水平"⑧的双重维度上展开技术史研究。前者侧重技术系统（"技术群"）本身的结构性分析（"技术的历史"），后者侧重技术系统在历史文化语境中的可能性与极限分析（"历史的技术"）。在"可能性分析"层面，技术史的书写指向历史发展语境中的技术存在论的分析；在"极限分析"层面，技术史的书写指向历史语境中的技术社会性的分析。换言之，在动态水平上书写技术史或将迈向一种技术社会学领域。或者说，置"技术—人文问题"于动态的人文社会科学中考察，其核心是阐明它们的历史性离合及其人文发展逻辑。

相对于科学与人文的关系问题，中国古代科技史中最为突出的应该是"技术—人文问题"，因为作为工匠传统的技术与作为学者传统的人文在中国古代社会发展中一直以比较显赫的论题出现。

一、"技"与"文"的先秦界定及其知识分布

1. "技"与"文"的先秦界定

人类技术史显示，技术应当首先是生活技术，而生活技术应当以造物技术为核心，造物技术必然以制造工具为起点。因此，技术谱系知识形成是以工具的发明与使用及其不断进步为基础的，而人文谱系知识主要指人对自然及其社会关系认识不断进化的思想及其价值观。其中，工具及其造物是联结技术进步与人文进化的重要纽带。

在此，或要诘问：何为"技术"？在狭义的或传统意义上，"技术"（technology）就是指"工艺技术"（technique），即某种工艺方法[⑨]。或者说，在先秦，"技术"一词的语义更多偏向于一种工艺或工具方法本身。《荀子》"劝学篇"曰："木直中绳，輮以为轮，其曲中规，虽有槁暴，不复挺者，輮使之然也。故木受绳则直，金就砺则利。"[⑩] 显然，在荀子那里，作为技术之"技"或为一种工具性方法存在，这明显暗示了古代工艺造物有手工工具性的内容偏向。不过，《墨子》[⑪] 所载公输盘为楚国所造云梯之械，或已接近代意义上的"技术"语义。《列子》曰："造物者其巧妙，其功深，固难穷难终。"[⑫] 可以看出，先秦时期"造物"一词是属于手工性"工艺"范畴，"工艺"之"技"只停留于"巧"或"淫巧"的语义空间。也就是说，先秦"造物"主要属于手工技艺性的工匠物质文化行为，处于一种较为基础的生活化造物及其工具性方法的表征存在。抑或说，所谓的"造物技术"即造物工艺，它所涉及的意义关联词语同工巧、工具、手艺、方法、技巧等表层变量范式紧密相关。

那么，先秦造物"技术"的深层次内涵又是什么呢？所谓"深层次内涵"，即技术背后的普遍规律及其哲学基础要义。因为技术的存在不仅仅是一种工具性的技巧和方法工具的存在，还是一种"道"或"理"的存在。《列子》所载"偃师造倡"显示出工匠偃师之"技"的内涵指向——"与天地造化同效"。《庄子·养生主》记庖丁为文惠君解牛，文惠君曰："嘻，善哉！技盖至此乎？"庖丁释刀对曰："臣之所好者道也，进乎技矣。"⑬老子视万物的演化及其进步均源于"道"，并归结于"道"。可见，先秦之"技"的语义空间是较大的，但最终均统一于"道"、汇集于"道"。对于"技"而言，庄子继承了老子的思想，并进一步认为，最高超的"技"即为"道"。老庄的技术之"道"近似于柏拉图或亚里士多德的"善"，他们认为一切技术均以"完善"为目的。因此，在深层内涵上，先秦工匠传统的技术已然转向了人文传统的哲学批判，其间对"技"的内涵诉求已经突破了早期宗教性以及一般工具方法论意义上的表征含义，甚或说，它已突破了西周以来的"天命神学"的技术文化批判。

当然，在先秦时期，"文"经历了曲折的发展定型过程。从历史发展看，它至少经历了以下三大连续性的发展阶段：一是自然宇宙之文（目视远方）；二是人之文（反求诸己）；三是社会之文（由此及彼）。在这期间，早期的自然宇宙之文是最为原始的"模仿"或"镜像"之文。而后来的人之文（"被发文身"），处于"文"的发展核心地位，它是对自然宇宙之文（"经纬天地日文"）的符号化或观念化的产物，进而发展至理性化的社会之文。譬如在先秦造物（"人文化成"）活动中，早期的器物多以自然之象为镜像、参照。因此，器物之文（"法天象地"）是仪式之礼（"立象以尽意"）的外在化象征物，它来自对自然宇宙之文的理解与抽象，也是隐喻社会伦理之礼（"知周乎万物而道济天下"）的替代物。或者说，先秦之文与礼在功能（"观乎人文，以化成天下"）与内涵上具有家族相似性，这无疑决定了先秦造物之"文"是一种合"礼"性的传达与追求。《礼记·大传》曰："考文章，改正朔。"⑭郑玄注："文章，礼法也。"抑或说，先秦之"人文"与"礼法"是相通的。

简言之，在哲学层面，"技"之"道"与"文"之"礼"成为先秦技术史面向自然和社会展开的合目的性的最高目标，也成为分析与考察先秦技术史中"技术—人文问题"的核心内容指向。

2. "技"与"文"的知识流传载体及文献分布

如何历史地理解与认识先秦的"技术—人文问题"呢？知识的流传载体与文献是考察该议题的重要资料，也是对该议题历史分析的关键依据。在此，有必要简要阐明先秦社会"技术—人文"知识的流传载体与文献分布。

在物质载体层面，先秦的"技术—人文"文献分布在甲骨、陶器、青铜器、漆器、石刻、简牍、缣帛、瓦当等器物载体空间，这些载体空间均以器物文化而存在，并在"技术—人文"维度展现先秦的技术史知识分布。从技术层面看，这些器物涉及冶铁、铸造、髹漆、雕刻、染织、烧制等技术活动；在人文层面，这些器物表层的语图叙事抑或是一种人文叙事。换言之，这些先秦器物是技术知识与人文知识的复合体，体现了"物以载道"的造物之理。

在学术理论层面，先秦的"技术—人文"理论知识主要存在于神话寓言、诗歌散文、史家记事、诸子哲学、文献汇编、后世集撰等文献空间。神话寓言如《山海经》记载了采矿技术及其矿床学知识，《列子》寓言中也不乏反映先秦科技思想及其知识形态的内容。诗歌如《诗经》中的农事技术诗，散文如《左传》《国语》中记载的很多战争技术知识，史家记事如《春秋》《周礼》等。《春秋》记录了观察天象技术，用以预测国家之凶吉。《周礼》所载《考工记》记录了齐国的考工技术。诸子哲学如《管子》的农学科技思想，其他如《墨子》《道德经》《论语》《庄子》《韩非子》等文本中也不乏科技知识。文献汇编如甘德与石申夫汇编成书的《天文星占》《天文》，后人又汇总编纂成《甘石星经》。后世集撰如《大戴礼记》之《夏小正》所载农事历法知识。显而易见，先秦技术或科学知识主要分布于人文哲学文献，罕见独立的技术文献。

在手工技术理论层面，《考工记》是先秦社会"技术—人文"知识的典型形态，它记载了先秦社会冶铁铸造、湅丝印染、车辆设计、器皿制造、手工制作、物理力学、声学原理、天文地理等诸多科学技术，可以窥见《考工记》的出场标志着侯国官方合"礼"性技术渐趋成熟。尽管齐国"因其俗，简其礼"，但《考工记》还是一部合"礼"性的技术文本。因为它是通过官制来建构与呈现工匠文化系统的范型，并在生产工艺或营建制度中处处"受益"于殷周以来的礼制文明。可以说，《考工记》既能昭示先秦社会看待自然、处理自然的手工技术知识的理论形态，也反映出先秦科技史中的人文文化偏向。

从先秦技术知识的流传载体与文献分布看，中国早期的技术知识谱系仅属于人文知识谱系的一部分，并非属于近代以来的自然科学知识体系。换言之，先秦技术文化具有很强的人文传统与伦理偏向，这既能昭示先秦"技术—人文"问题发生的复杂社会背景与人文根源，又能窥见先秦"技术—人文"的动态发展轨迹及其历史逻辑。

二、先秦技术生成的人文背景及其发展动力

1. 先秦技术生成的人文背景

在五帝时期，宗教是社会最根本的意识形态。先秦技术人文传统的生成跟颛顼以来的宗教改革有关，颛顼为了消除"民神杂糅"的混乱局面，实施"绝地天通"的宗教改革，通过王权垄断宗教事务以管理宗族社会，这标志着宗教与政治相结合的传统开始形成。因此，一直到夏商时期，"国之典礼"无不与宗教祭祀相关，一切与此相关的宗器、宗庙、都邑必然被渗透制度化的宗教礼仪思想。西周初年，政治家周公执行"天神"意志，推行"以乐辅礼"的治国方针，主张"明德慎罚"，创立了奠定西周国家基础的礼乐制度。于是，"天神"被赋予人性化、道德化等伦理特征，进而在造物技术层面形成鲜明的人文特色。

尽管春秋战国时期道家"天道自然"的哲学思想在一定程度上瓦解了周公的"天神论"，但老子在否定"礼乐"人文制度的同时，也将"天道"带入"自然"之文。抑或说，老子思想的人文传统并没有在"非礼"的观念中消失。孔子却在"复礼"中主张"仁道"，特别重视政治伦理与人伦道德，坚持以"仁政"治理天下。因此，老子与孔子以政治理性取代了夏商周时期的原始宗教，并朝向技术控制与人文传统的趋势发展，使得早期的中国人文礼制思想获得了空前繁荣的契机。

毋庸置疑，相对于国家及其礼制文化，手工工具或工匠传统的技术文化并非先秦社会显赫的社会文化。因为在整个先秦社会，造物发展并非以技术为发展目标，而是以族群或国家立场下的道德伦理信条为宗旨。在此理念支配下，先秦社会的造物技术与国家伦理意义上的"适中"或"中和"原则具有等向化意义。抑或说，先秦社会的造物文化已然被纳入国家政治或技术伦

理体系之中，"技术—人文"在"道德物化"或"纳礼于器"的造物理念中实现了"技治"或"文治"的目标。很显然，人文在先秦工匠传统的技术生成中占有绝对"统治"地位。

夏商周时期的国家与宗教是一体的，工匠传统的技术文化带有明显的原始宗教特色。到春秋时期，面对国家的"礼崩乐坏"，"纳礼于器"或成为一种治理国家的有效途径。《韩非子》所载的"买椟还珠"之典故，或能说明木匣子在"文"的形式上迷惑了买椟者。《左传》所记"问鼎中原"之事，鼎器之喻暗示着先秦造物"纳礼于器"的人文偏向。在技术层面，《列子》所载"愚公移山"之典，明显带有"弃巧弃智"的技术观。可见，先秦社会造物的人文诉求显然比技术本身要优越得多，具有特别的人文化、伦理化的偏向。

2. 先秦技术生成的人文根源与根本动力

在国家立场上，先秦造物对"技术—人文"的偏向是十分明显的，它们均呈现出一定的政治偏向与伦理理性，也显示出先秦技术生成的人文根源及其发展动力。对此，可以用以下三个命题做解释性说明。

第一，"技术—人文"之"道"被放置于天地之间。在农业发展基础上，先秦社会开始出现分工，作为职业的工匠和巫觋出现。技术性工匠与人文性巫觋的出现昭示着早期中国文化在物质和精神上的重大进步，因为"最为一般地说来，文化是进步，是个人以及集体在物质和精神上的进步"[⑮]。然而，先秦社会的"工商食官"与"政教合一"的制度，已然将工匠传统的技术与宗教传统的人文统一到"天人合一"之上，特别是颛顼以来的宗教改革，使得国家政治与宗教相结合的传统形成，"天命神学"成为西周的显学。那么，工匠传统的技术与宗教传统的人文也必将被纳入天地话语体系。

第二，"技术—人文"之"善"被安放在国家立场。作为王权制度文明，先秦"国家"的出现是中国早期文明史上的重大事件。从出土的造物陶器、漆器等器物上的语图叙事可以看出，先秦国家在政治权威上的技术生成与人文伦理诉求是明显的。孔子主张"不学礼，无以立"，并认为："能以礼让为国乎？何有？不能以礼让为国，如礼何？"[⑯]可见，孔子思想的根基在于将"礼"安放于国家立场之上。《荀子》之"强国篇"曰："刑范正，金锡美，工冶巧，火齐得，剖刑而莫邪已。……彼国者亦有砥厉，礼义节奏是也。故人之命在天，国之命在礼。"⑰显然，荀子已将造物技术放置于国家立场思考了。

第三，"技术—人文"之"德"被赋予了人伦意义。"德治"是西周宗族国家的一种治理方略，属于"天人合一"的天命神学体系。西周"德治"思想被引入言论、农业、造物等诸多领域，"器物"也由此被赋予人伦天仪之"德"，尤其是"以德配天"成为"技术—人文"发展的重要观念，形成宗教伦理化的人文特色。因此，造物的功能意义实现了从"凡器"的使用价值向"社器"的"安国定邦"意义的转向。对此，王国维认为："周之制度典礼，乃道德之器械。"⑱显然，战国时期的造物文化批评是基于物化道德与伦理的视角，而不再以神话或经验批评为视点，即实现了"技术—人文"从宗教神话批判向道德物化的转向。

三、老子与孔子：技术控制及其人文解蔽路径

在先秦诸子时期，哲学家开启了"技术恐惧"的政治批判与"技术风险"的人文解释机制，尤其是老子与孔子的技术哲学批判实现了从宗教神话批判向道德物化的转向，在一定程度上化解了技术知识论的神话风险，但也把技术文化带入了礼教伦理之桎梏。先秦哲学家对"技术—人文"的批评具有政治科学的偏向，最为难能可贵的是在"技治"决定国家生存的语境中闪耀着人文光辉，以至于出现了"人文至上"的中国早期朴素的人文主义社会。

1. "人多伎巧"：一种技术控制论

先秦时期，老子开启了造物"技术控制论"的先例，主张"以道驭技"的技术批判思想，并在国家立场建立了技术知识哲学批判体系，提出"道进乎技"的技术哲学思想，并认为技术泛滥可能导致社会混乱。

在老子看来，随着社会的发展、人口的增多，生产力技术越来越"伎巧"，那么，物质产品必然产生"过剩"，进而产生社会混乱。譬如《老子》中曰："人多伎巧，奇物滋起；法令滋彰，盗贼多有。"⑲就是说，人多伎巧，社会法令规章制度必然随之越来越多，社会矛盾也必将被激化，盗贼也随之激增。因此，基于国家政治的立场，老子认为："民多利器，国家滋昏。"为此，

老子提出了"绝巧弃利"的技术控制论。在造物层面，老子提倡"朴散则为器"的人文思想，并认为："服文彩，带利剑，厌饮食，财货有余，是谓盗夸，非道也哉。"[20]老子的"技术控制论"尽管没有认识到社会混乱的根本原因，但在一定程度上反映了早期中国哲学家对技术风险的辩证批判思想的自觉。

要说明的是，老子的"技术控制论"与现代社会的"技术控制论"显然不是一回事，前者更多的是反映出中国早期哲学家对"工巧"的担忧，是对技术风险的朴素评估。

2. "文质彬彬"：技术控制中的人文偏向

先秦时期，孔子开启了中国早期科技伦理批评之先河，主张"以德驭技"的技术思想，并在国家立场建立了技术知识伦理学思维构架，提出了正向的"技术控制论"观点。

基于国家与礼教的立场，孔子一方面主张"君子不器"，另一方面又提出"工欲善其事，必先利其器"。因为孔子既看到了"来百工则财用足"的价值，又发现"尊德性而道问学"对于国家统治的重要性。孔子的技术控制悖论主要在于他将"礼"安放于个体生命与国家层面之上。于是孔子提出了解蔽的办法："文质彬彬，然后君子。"这在一定程度上也反映出孔子对技术风险的正向认知及其人文化解蔽思想。与老子的负向技术控制论不同，孔子提出了正面的技术风险解蔽旨在"尽美矣，又尽善也"。

简言之，在中国先秦社会，造物技术偏向于以道德伦理为价值目标，并在严格遵循人文原则的伦理要求中发展，这在一定程度上体现了中国早期社会"技术控制论"思想的萌芽。

四、技术物与人文关怀：先秦哲学的批评逻辑

哲学实践与技术活动及其人文思想是分不开的，这在中国早期的造物技术实践与人文活动中表现得十分明显。抑或说，进步中的技术物成为早期中国哲学思想叙说的重要诱发源，进化的人文思想成就了早期中国哲学思想的伦理化、国家化及其政治化的偏向。

1. 技术物：先秦人文哲学的批判原点

依照物的存在空间，所谓"技术物"大致有生产性技术物、生活性技术物、宗教性技术物等。生产性技术物如田器、农器、农具等，生活性技术物如漆器、陶器、竹器等，宗教性技术物如祭祀技术物鼎、冥界技术物兵马俑等。这些技术物是社会进步与人文思想的象征，并成为古代哲学思想的发源点。

在儒学层面，"纳礼于器"是儒家哲学的批评逻辑点。儒家学派崇尚"礼乐"和"仁义"，提倡"忠恕"和"中庸"之道，主张"德治"与"仁政"，重视伦理关系。先秦的《诗》《书》《礼》《乐》《周礼》《论语》《孟子》等理论著作中蕴含着丰富的"器物"思想，并在器物之喻中实现了中国早期哲学的批判。

在道家层面，大器是大道的哲学逻辑载体。在古代，兵器器国，礼器器社。器之为器，已然超越了凡器被使用的物质与生活层面，而指向它的社会文化意义。先民的器物崇拜思想为器物的人格化提供了可能。君子比德于玉，器之伦常是器物人格化的直接呈现，器物纳天地而载人伦。人器之德，人之伦常。器之为器，已然指向人文之器，并具有物化道德的倾向。

在法家层面，从器之模范到国之法治是其哲学批评路径。法家将法（依据）、势（保障）、术（手段）等思想集于一身，提倡以法治国。法家在"奉法者强则国强；奉法者弱则国弱"的理念下，形成了一套中央集权君主专制主义法治国家的制度与理论。法家基于耕战之需，提出了"立器械以使万物"的科技思想，这种激进的技术功利思想反映出当时新兴地主阶级的国家政治需要。在逻辑上，器物媒介的哲学思想偏向是人类文明进步的重要原因。活跃于战国的"模""范""型""规""矩""绳"等制作器物的工具及其技术方法很容易让想象力丰富的法家联想到"法"的逻辑及其力量，并充分利用"法"来构建他们的理想社会。

在墨家层面，从器物到兼学是其哲学批评的路线。技术物是中国早期社会哲学思想诞生的诱发源，而哲学思想最终在先秦科学史的变迁中起到了决定性作用，特别是在自然科学史的演化中发挥了牵引机的价值。墨家之"兼学"思想的形成是战国社会结构性变化的产物。墨学之"兼"是以消解"专制""不平等""神权""贵贱""权力""土地所有权"等为代价的理性觉醒。引起战国时代社会结构性变化的根本介质是"铁器"。由于铁具被广泛应用于农业生产，原来贵族对土地的绝对占有权开始下滑，自耕农民从对贵族的依赖中走向"自由"；同时，新工具的崛起意味着很多"现实"发生了变化："无故富贵"的贵族权力与权利开始动摇，掌握新工具与土地所有权者成为"暴富者"，"井田制"被"初税亩"替代，城市新市民及手工艺者崛起，"士"的阶层扩大……这些政治、经济、阶层、制度等社会性结构的"位移"是春秋战国之际社会转型期的集中表现。因此，战国的技术"现代性"进程推动了国家发展开始走向实践化与理性化进程。墨家"兼学"思想凭借严密而整一的"兼爱"政治价值理念成为时代的"显学"。

2. 人文关怀：先秦技术哲学的批判立场

通过上述分析，可以清晰地看到先秦社会"技术—人文问题"的重要批判立场：技术的人文主义化。孔子的"仁政"思想系统实质为人文哲学的系统化，老子的"道法自然"理念不过是旨在为人的生存寻找到一种自由状态，墨家在技术的科学理论化中走向人文哲学，法家在器物之"模范"中找到了偏向人文化的"法治"理念。可见，先秦诸子对技术控制批评的人文伦理意向性是十分明显的。

先秦时期，由于哲学对人文伦理文化的偏向直接导致技术或技术哲学的相对滞后，而在伦理、宗教、美学、诗学等层面的人文哲学的发展得到空前繁荣。在技术思想层面，技术风险或技术控制成为中国早期一种"早熟"的人文哲学思想。由此也决定了技术史在先秦社会文明中处于社会的"外围"，而人文史成为该时期社会发展的"内核"。简言之，偏于人文的先秦技术无疑补益于人文哲学思想的早熟，而人文哲学思想又反哺了技术变革及其造物文化。

先秦时期，技术的社会关系不仅受到代表地主阶层利益的"激进派"的重视，还在人文的社会关系上受到代表国家立场的"士人"或知识分子的普遍关注。因此，先秦哲学家在"技术—人文问题"的批判中，社会发展中的人文偏向摆在显赫的地位与高度。在技术层面，道家试图通过抑制或控制技术的发展获得社会"非竞争状态"下的无为而治。儒家尽管没有明显的技术控制偏向，但将技术嵌入了合"礼"的人文制度之中。法家在技术模仿或规范中找到了整理社会之法。显然，先秦诸子在"技术—人文问题"上有一个共同的偏向："技术—人文"被带入社会治理领域，并赋予"技治"和"人治"的普遍理念及其解蔽机制。

对先秦"技术—人文问题"的透析，至少有以下研究启示或意义：第一，中国早期哲学家对"技术—人文"的批评具有政治伦理的价值偏向，最为难能可贵的是先秦国家在"技治"理念中闪耀着礼制化的人文思想，以至于出现了"人文至上"的中国早期朴素的人文主义社会；第二，中国早期哲学家开启了"技术恐惧"的政治批判与"技术风险"的人文化解蔽机制，尤其是老子与孔子的技术哲学批判实现了宗教神话批判向道德物化的转向，在一定程度上化解了技术知识论的神话风险，但也把技术文化带入礼教伦理的桎梏中；第三，在中国早期社会，造物技术偏向于以道德伦理为价值目标，并在严格遵循人文礼制原则的要求中缓慢发展，这在一定程度上体现了中国早期社会技术控制及其规避技术风险思想的萌芽；第四，技术物是中国早期人文哲学思想生发的间接诱发源，而人文哲学思想最终在先秦技术史的变迁中起到反哺作用，特别是在自然技术史的演化中发挥了引领价值的作用。

另外，阐释先秦"技术—人文问题"，解析其技术恐惧的政治批判立场与技术风险的人文化解蔽机制，或能增益于当代技术发展所带来的人文问题、生态问题以及社会其他问题的解决方案，尤其是能从先秦"技治"和"人治"的协同中获得启示，进而最大化地规避社会发展所带来的技术风险和人文沦陷。

注　释

① ［法］R.舍普等：《技术帝国》，刘莉译，北京：生活·读书·新知三联书店，1999年，第183页。

② Long P O，"Artisan/Practitioners and the Rise of the New Sciences,1400—1600"，*Sixteenth Century Journal*，2013，65（3），pp. 202-203.Long P O. *Artisan/Practitioners and the Rise of the New Sciences*，*1400—1600*，Oregon State University Press，2011.

③ ［德］埃德蒙德·胡塞尔：《欧洲科学危机和超验现象学》，张庆熊译，上海：上海译文出版社，1988年，第5页。

④ ［法］R.舍普等：《技术帝国》，刘莉译，北京：生活·读书·新知三联书店，1999年，第192页。

⑤ Long P O. "Artisan/Practitioners and the Rise of the New Sciences,1400—1600"，*Sixteenth Century Journal*，2013，65（3），pp. 202-203.Long P O. *Artisan/Practitioners and the Rise of the New Sciences,1400—1600*，Oregon State University Press，2011.

⑥ 孟建伟：《科学史与人文史的融合：萨顿的科学史观及其超越》，《自然辩证法通讯》2004年第3期。

⑦ 顾海良：《"斯诺命题"与人文社会科学的跨学科研究》，《中国社会科学》2010年第6期。

⑧ 黄亚萍：《技术史》，《自然辩证法通讯》1980年第1期。

⑨ ［德］F.拉普：《技术哲学导论》，刘武等译，沈阳：辽宁科学技术出版社，1986年，第27页。

⑩ 梁启雄注：《荀子简释》，北京：中华书局，1983年，第1页。

⑪ （清）孙诒让撰，孙启治点校：《墨子间诂》，北京：中华书局，2001年，第686页。

⑫ 杨伯峻撰：《列子集释》，北京：中华书局，1979年，第99页。

⑬ （宋）吕惠卿撰，汤君集校：《庄子义集校》，北京：中华书局，2009年，第56页。

⑭ （清）阮元校刻：《十三经注疏》（《礼记正义》），北京：中华书局，2009年，第3265页。

⑮〔法〕阿尔贝特·施韦泽:《文化哲学》,陈泽环译,上海:上海人民出版社,2008年,第61页。

⑯(清)阮元校刻:《十三经注疏》(《论语注疏》),北京:中华书局,2009年,第5367页。

⑰楼宇烈主撰:《荀子新注》,北京:中华书局,2018年,第307页。

⑱王国维:《观堂集林》(卷十),北京:中华书局,2004年,第477页。

⑲(魏)王弼注,楼宇烈校释:《老子道德经注校释》,北京:中华书局,2008年,第149页。

⑳(魏)王弼注,楼宇烈校释:《老子道德经注校释》,北京:中华书局,2008年,第142页。

第七章

-

合"礼"的
技术——
《考工记》的
技术科学及其
观念

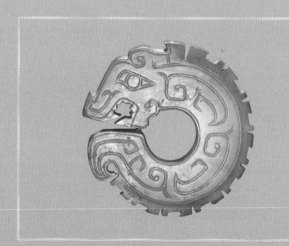

作为体系性的技术文本，《考工记》意味着东周齐国工匠文化思想正式出场，也标志着侯国官方合"礼"性技术渐趋成熟。《考工记》详记齐国6种官营手工行业及其30类工种，或率先创构了侯国官营工匠文化体系，包括诸类工种的行业结构、社会职能、造物技术、生产规范、营建制度以及考核评价等早期中华工匠文化体系元。连同《考工记》的技术体系本身一同成熟的还有东周文化或士大夫思考这种合"礼"性技术体系的文化思想。《考工记》既涵盖了中国式"齐尔塞尔论题"的最初模型与要义，又显露出齐国士大夫与百工的互动行为潜伏着彼此区隔化偏向及其后遗效应风险。

齐尔塞尔对学者与工匠关系的思考基于近代欧洲早期的技术发展与科学诞生的背景，并聚焦于1300—1600年间形成的大学学者、人文主义者与工匠"三大阶层"的论证，其核心指向是工匠与学者之间的互动而产生了近代科学[①]。实际上，有关"齐尔塞尔论题"一直是西方近代科技史学界较为活跃的研究命题。最为引人注目的是帕梅拉·隆（Pamela Long）在《工匠/实践者与新科学的兴起：1400—1600》（*Artisan/Practitioners and the Rise of the New Sciences*: *1400—1600*）[②] 中提出了著名的工匠与学者的"交易地带"（Trading Zones）理论。显然，该理论已然大大超越了"学者—工匠问题"的二元论知识体系。

近代欧洲工业革命之后的技术进步史显示，工匠的手作经验、量化方法以及技术思维等文化知识及其智慧为欧洲科学技术发展提供了极好的理论储备，以至于在奥地利学者齐尔塞尔看来，近代欧洲的科学家群体已然是学者与工匠广泛互动的显著标志，工匠在新科学的产生中起到了某种决定性作用。实际上，"齐尔塞尔论题"不仅是欧洲近代科学技术史研究的重要线索，还是中国古代工艺文化史研究的应然题域。在中国东周社会，学者（"士"）与工匠（"工"）的互动或能从《考工记》中得以窥见全面镜像，并能初步认知东周社会"士"与"工"的有限性互动及其潜在的区隔化端倪以及风险。

在微观社会学层面，"社会互动"（Social Interaction）是研究社会学的基本分析单位，它是个体走向他者或社会群体的重要节点。作为一种理论社会学分析工具，"社会互动论"有利于领会期待或被期待特定社会以及它的"个体行动"，也包括期待理解这种行动的价值理念及其社会意义。同时，"工"作为技术性的群体行动，必然附着或链接其背后的社会制度及其文化理念。抑或说，对东周社会"士"与"工"的有限性互动分析还涉及"技术社会学"（Sociology of Technology）[3]的方法论，它或有利于阐释东周"工"与"士"发展的社会机制、社会功能及相互关系，尤其能明析东周"工"为了适应礼制而实践的"合理性技术"（桑巴特、韦伯）。不过，东周社会为这种合"礼"性技术做出贡献的并非工匠这部分群体，而是由帝王、诸侯、贵族、官吏、民众、武官、史官等各个阶层组成的群体。换言之，"技术社会学"可以作为一种理论分析工具，它无疑有利于阐明东周社会及其语境中的"士"与"工"的合"礼"性技术互动的发展。

一、研究的社会学限度：东周、齐国与官营

作为工匠文化的体系性创构理论，《考工记》是中国古代第一部官方手工技术理论文化的体系性著作，它详细记述或创构了齐国官营手工业的 6 种行业结构体系与 30 个工种的理论体系，包括每个工种的行业结构及其职能、制造体系、设计规范体系、生产技术与管理体系、营建制度体系等，内容涉及东周的礼器、乐器、兵器、车辆、陶器、漆器、练染、建筑、水利等领域，还涉及天文历法、生物分布、数学计算、物理力学、化学实验等准自然科学知识。《考工记》或成为中国早期侯国工匠文化体系的早熟范型。

就研究现状而言，学界对《考工记》的研究成果颇丰。在历史上，郑玄、王安石、林希逸、杜牧、戴震、孙诒让、徐昭庆、徐光启、卢之颐、程遥田等均对《考工记》做过深入研究，并取得了吾辈恐难企及的学术成果。不可否认，今人对《考工记》的研究也取得了长足进展。李砚祖、邹其昌、李立新、徐艺乙、戴吾三、闻人军等学者均从不同层面与《考工记》接触或对话过。他们主要集中从艺术人类学、文化考古学、设计技术学、造物美学、环境生态学、历史文化学、知识社会学以及文献译注等视角来进行领会与阐释。毋庸避讳，目前学界也存有三种有悖于《考工记》的阐释模式：第一种是主观阐释模式，这种阐释多为主观性臆测或不假思索型的思考。譬如或认为《考工记》是中国造物学的源头[4]，或认为《考工记》是一部东周科技著作[5]等。第二种是衍生模型阐释，这类阐释中的"衍生"是文本阐释的一种"可怕"行径。譬如或认为《考工记》中有"生态主义""和合主义""机械主义""美学思想"等义化知识体系。第三种是过度阐释模式，这类阐释主要是文化解

读的"冒进主义"思维特征。譬如依据《考工记》的"大兽""小虫"之词语，或"橘逾淮而北为枳，鸲鹆不逾济，貉逾汶则死"等语句，就下结论说齐国有"动物类型学"与"植物地理学"，进而认为齐国的"生物科学"发达，这显然是一种过度性阐释。

上述三种研究模式显然容易造成一个缺陷，就是放大了《考工记》的知识体系及其文化价值。实际上，对《考工记》的研究基点恐怕首先要建立"东周"（时间维度）、"齐国"（空间维度）与"官营"（社会维度）这三个立体思维维度。只有基于此"三维思维"模式，才能将《考工记》置于特定的时效范围、地理区间与社会场域，阐释或部分阐释它的本然与应然。

第一，在时间维度，《考工记》是一部东周的手工业技术文本。西周末年以来，原来以血缘为关系的庞大宗族等级制度发生了动摇，周王室在自然灾害（祭祀不灵）、频繁战争（生灵涂炭）、荒酒乱政（昏君奢靡）的状态中，"天命神学"发生动摇，中国思想界开始走向"诸子时代"。在政治经济层面，天下诸侯之间形成日趋激烈的竞争态势，必然在技术层面呼唤《考工记》这样的技术知识范型出场。

第二，在空间维度，《考工记》是一部齐国的手工业技术文本。在一定程度上，齐国主张以姜太公为代表的道家学术，又处在鲁国儒家文化的"近水楼台"，因此获得了儒道融合发展的先机。《史记·齐太公世家》记载："太公至国，修政，因其俗，简其礼，通商工之业，便鱼盐之利，而人民多归齐，齐为大国。"[⑥]因此，《考工记》诞生于齐国有其独特的社会空间优势，它也标志着齐国文化的整体性协同发展逐步走向成熟，并在合"礼"性技术层面显示出侯国的技术水平。

第三，在社会维度，《考工记》是一部合"礼"性技术文本。尽管齐国"因其俗，简其礼"，但《考工记》还是合乎"礼"性的。因为它是通过官制来建构与呈现的工匠文化系统的范型，并在生产工艺或营建制度中处处受益于殷周以来的礼制文明。抑或说，伴随战国中后期齐国与鲁国的文化融合过程，齐鲁两个诸侯国的礼制文化的内在互动也是必然的。

简言之，对《考工记》研究的社会学限度是明显的。在忠实于文本的基础上，时间、空间及其背后的社会场域当是同《考工记》对话的基本立场。唯有持此立场，方能客观、有效、真实地解读《考工记》，包括对该作品中的"齐尔塞尔论题"的解读，否则便会陷入盛气凌人的主观主义或机械论的陷阱。

二、考工理论体系及其创构方式

作为侯国官方技术性文本，《考工记》在"记"之前，必然有一个"记"的整体设计与规划，它关涉到所"记"的内容体系、叙事方法及写作目的等创构要件。

在内容系统层面，《考工记》创构了"考工学"的五大体系，即百工体系、造物体系、技术体系、制度体系与精神体系。基于国家职业系统理念，《考工记》所记"百工系统"包含工匠职业的行业分工（6大行业）、工种类别（30个工种，实际出现25个）、技术层次（4类"岗位职称"）、身份等级（8个等级）等内容。基于行业分工，《考工记》所记"造物体系"包含制车、兵器、礼器、乐器、练染、工程、水利等内容。基于造物维度，《考工记》所记"技术系统"包含工匠技术的职责、程序、规范、标准、配料、检验等。基于工匠生产与管理，《考工记》所记"制度范型"包含工匠的管理、评价、奖惩、考核等内容。在"精神系统"方面，《考工记》所记工匠精神体现的有"圣人之作"的创物精神、"髻垦薜暴不入市"的诚信精神等。

在创构方式层面，作为侯国官营技术文本，《考工记》所"记"百工是通过经验（技术）、镜像（参照）、借用（列举）、象征（礼制）等方式创构的。譬如"六齐"之不同器物的含锡量并非来自科学实验室的结果，而是直接来自工匠的经验技术总结。"天有时，地有气，材有美，工有巧"之"圣人"难以把控的经验思维是通过镜像自然获得的，并在"轸之方也，以象地也；盖之圜也，以象天也"的"观物取象"中实现造物。同时，"燕之角，荆之干，妢胡之笴，吴粤之金锡，此材之美者也"也是列举思维的方法论。至于"国中九经九纬，经涂九轨，左祖右社，面朝后市，市朝一夫"的象征性营建方法直接来自殷周以来的礼制。因此，在写作目的层面，《考工记》的合"礼"技术性也是明显的。不过，《考工记》曰："审曲面执，以饬五材，以辨民器，谓之百工。"这句话既是对"百工"的定位，又是对《考工记》写作目的的间接定位。

简言之，《考工记》的考工体系是东周侯国多重文化思想的技术化集成，也是三代以来神本系统向人本系统转向的重要理论范型，它具有人文性（实用）、技术性（科学）与礼制性（宗教）三重属性。《考工记》所昭示的齐国对技术体系的思考方式显露出合"礼"性之目的，也是符合东周社会发展需求的。

三、"士"和"工"的基本内涵及其互动

在《考工记》中，"士"与"工"有着丰富的原始基本内涵及其文化本质，他们的互动也富含着中国式"齐尔塞尔论题"的最初模型与要义。

1. "士"：作而行之

《考工记》中的"士"或称为"士大夫"。"士"本作"王"，乃斧钺之形。抑或说，"士"与"工"所造的象征权力的礼器——战斧有关，或为"武夫"也⑦。自管仲起，"士"始为"四民"之首，并受"学在官府"教育制度等影响，专门习文练武之"士"成为知识分子的泛称。

在东周，"士"的地位等级仅次于"大夫"。《考工记》依次记有"天子之弓""诸侯之弓""大夫之弓""士之弓"，也体现出"士"的地位还是较低的，并且有上士、中士、下士之别。因此，《考工记》中的"士"与"士大夫"还是有区别的。士大夫乃"作而行之"，即知行统一，是处于"王公"与"百工"之间的群体。但郑玄注"士大夫"为"亲受其职，居其官也"，应该是指服务于"王公"或国家的官吏。不过，《晋书·夏侯湛传》指出："仆也承门户之业，受过庭之训，是以得接冠带之末，充乎士大夫之列。"⑧可见"士大夫"乃是指有一定身份的官职知识分子。随着春秋时期的社会变革，"士大夫"开始分化成谋士、武士、文士（从事教育）、游士（游说）等各种职业。到了秦汉后期，作为趋向于"文"的知识分子之"士"慢慢固定。

2. "工"：作为圣人或匠

在甲骨文中，"工"之形类似于有手柄的刀斧或曲尺一类的工具，后引申为手持工具干活的人。《考工记》曰："知得创物，巧者述之守之，世谓之工。"这句话道出了"工"的形成或有三个阶段：第一，知得创物（圣人）；第二，巧者述之守之（巧匠）；第三，工（百工）。换言之，"工"的不祧之祖或为"圣人"。商代以来的"工商食官"制度决定了"工"或为官家手作奴，但他们的智慧或源于"圣人"。《考工记》曰："百工之事，皆圣人之作也。"⑨在哲学层面，"圣人"即指有限世界中的无限存在。换言之，工匠能创造无

限存在，即"智得创物"。这正好印证了《考工记》所曰："粤无镈，燕无函，秦无庐，胡无弓车。粤之无镈也，非无镈也，夫人而能为镈也。燕之无函也，非无函也，夫人而能为函也。秦之无庐也，非无庐也，夫人而能为庐也。胡之无弓车也，非无弓车也，夫人而能为弓车也。"⑩也就是说，工匠是巧于某一专业的特殊技能之人，进而能烁金为刃，凝土为器，作车行陆，作舟行水。"工"的专业性技术分工是细致的，因此"有虞氏上陶，夏后氏上匠，殷人上梓，周人上舆。故一器而工聚焉者"。显然，东周"工"的造物是集体行为。

青铜时代的"工"，兵器、乐器等是他们的主要造物对象。兵器制造源于频繁的战争需要，《考工记》中多有造利器、战车、皮甲、弓箭等记载。"乐器""神器""礼器"主要来自西周以来的礼乐制度，《考工记》中的制钟、玉器（祭祀）、射侯（礼乐）、施色（礼服）等均以"礼"而作。因此，《考工记》中的乐器乃是以礼制为核心文化系统而创作的。于是"纳礼于器"成为东周之特有的造物文化理论。《礼记·表记》载："殷人尊神，率民以事神，先鬼而后礼。先罚而后赏，尊而不亲。"⑪可见，占卜事神已成为殷商人普遍的文化现象，"工"则担负起了事神礼器创造之责。陈澔在《礼记集说》中曰："器有二义：一是学礼者成德器之美，一是行礼者明用器之制。"可见，"纳礼于器"是由中国古代德器之"工"与行礼之"士"的互动而生成的。

在"工"的层面，《考工记》明确肯定了工匠在社会中的地位。《考工记》曰："国有六职，百工与居一焉。"⑫国有六职，即为王公、士大夫、百工、商旅、农夫和妇功。书中同时提出："百工之事，皆圣人之作也。"可见，在"百家争鸣"时代，"工"的社会地位仅次于王公与士大夫。

从"工"的技术"职称"系统看，《考工记》中出现了人（者）、氏、工（匠工、国工、良工、上工、下工）、师（梓师）等岗位"职称"级别。《考工记》记载工之"者"的有圜者（中规）、方者（中矩）、立者（中县）、衡者（中水）、直者（如生）、继者（如附）等；记载工之"人"的有辀人、舆人、轮人、函人、韗人、筐人、玉人、雕人、矢人、旎人、梓人、匠人等；记载工之"氏"的有筑氏、冶氏、桃氏、凫氏、栗氏、段氏、韦氏、磬氏、裘氏等。

从"工"的技术"身份"看，《考工记》中出现了圣人、国工、上工、良工、下工、匠人、贱工等有差别的技术身份阶层。"圣人"指向创物，是具有特别智慧的神工。"国工"指有高级技术的特殊人才，并且他的技术是独一无二的。《军势》曰："技与众同，非国工也。"[13] 所谓"上工"即"大师"。《仪礼注疏》曰："大师，上工也。"再如《黄帝内经》曰："故善调尺者，不待于寸，善调脉者，不待于色。能参合而行之者，可以为上工。"《考工记》中记载上工有（虞氏）上陶、（夏后氏）上匠、（殷人）上梓、（周人）上舆等。

从专业与分工看，《考工记》记载"百工"有六大序列与 30 类工种。这六大序列为木工、金工、皮工、设色工、刮摩工与抟埴工。其中木工分轮、舆、弓、庐、匠、车、梓等 7 类工种；金工分筑、冶、凫、栗、段、桃等 6 类工种；皮工分函、鲍、韗、韦、裘等 5 类工种；设色工分画、缋、钟、筐、㡛等 5 类工种；刮摩工分玉、楖、雕、矢、磬等 5 类工种；抟埴工分陶、旊等 2 类工种。

3. "工"与"士"的合"礼"性技术互动：角色借用

在词源学上，"工"与"士"具有家族相似或文化学意义传承特征。"巫"字的甲骨文横直从工。另见《说文解字》"工"部曰："与巫同意。"巫部曰："与工同意。"可见，"巫"与"工"同义，均与上古巫术祭祀工具有关。《白虎通》曰："士者，事也。"所谓"事"，即巫事也。《曲礼》中有"大士"记载，"大士"即"大巫"，是区别于一般民巫的官巫。这些上古通古今之道的"士"被提拔至朝廷，则成为史巫或史官。

第一，《考工记》本身的著述就是"工"与"士"的合"礼"性技术互动产物。目前，尽管《考工记》之"记"是何人所"记"或为"悬案"，但有一点可以肯定的是，《考工记》与有知识文化的"士"或"士大夫"是有关系的。因为"学在官府"的春秋社会，"工"是无法实现《考工记》的著述行为的。因此，《考工记》的"著述"就是古代"士"与"工"互动的合"礼"性技术行径。抑或说，《考工记》借用"著述"的方式率先见证了"工"与"士"的一次合"礼"性技术的完美合作。显然，对于齐国之"士"而言，《考工记》是一种面向合"礼"的实践技术文本书写，它确乎是顺应春秋以来激烈的诸侯竞争而出场的。

第二，《考工记》的"工"观借用儒道思想，是东周社会思想整体协调性发展的产物。就《考工记》的知识谱系而言，它得益于儒道融合的齐国社会。因此,《考工记》中的很多造物思想及其礼法制度的知识谱系都具有传承性特征。譬如《考工记》的"阴阳观"即来自道家的部分思想。《考工记》曰:"凡斩毂之道,必矩其阴阳。阳也者,稹理而坚。阴也者,疏理而柔。"⑭又曰:"水之,以辨其阴阳。夹其阴阳以设其比。"⑮显然,这些"阴阳观"是老子"万物负阴而抱阳,冲气以为和"的一种继承。再譬如《考工记》中的"五色观"即来自《易经》之思想。《考工记》曰:"画缋之事:杂五色。东方谓之青,南方谓之赤,西方谓之白,北方谓之黑,天谓之玄,地谓之黄。"⑯这种"五行相生"的思想直接源于《易经》,又摒弃了道家"五色令人目盲"的观点。《考工记》曰:"匠人建国,水地以县。置槷以县,视以景。为规,识日出之景与日入之景。昼参诸日中之景,夜考之极星,以正朝夕。"⑰这种"法天象地"的思想也源于《易经》。而《考工记》中的营建制度主要来自《周礼》。譬如《考工记》曰:"国中九经、九纬。经涂九轨。左祖右社,面朝后市。市朝一夫。"⑱很显然,这些礼法或技法是西周以来礼制思想的整合与演绎。

第三,"工"对"士"有角色依赖。在"学在官府"的春秋战国时代,"工"是离不开"士"的,"士"或为"工"提供思想或创作的文化。《考工记》曰:"凫氏为钟……其实一升。重一钧。其声中黄钟之宫。概而不税。其铭曰:'时文思索,允臻其极。嘉量既成, 以观四国。永启厥后,兹器维则。'"⑲这明显暗示,在铸造黄钟之时, "工"与"士"是借助铭文而实现互动的。同时,铭文显然也是合"礼"性技术的一种传达媒介或载体。

第四,"受器之礼"也是"工"与"士"的角色互动方式。《诗经·小雅·彤弓》曰:"彤弓弨兮,受言藏之。"⑳受,赏赐也。彤弓,即用大漆髹成的弓。《诗经》之"彤弓受言"不仅折射出西周社会的战争与兵役,还折射出西周社会贵族王室要员获得漆器的方式是赏赐。

《考工记》所显示的"工"与"士"之间的合"礼"性技术互动,明显呈现出齐国对东周礼法或技法的整合性协同发展特征。毋庸置疑,尽管齐国"因其俗,简其礼",但殷周以来的"礼制"思想还是很难彻底在齐国消亡,并在一定程度上表现于侯国造物系统中。

四、合"礼"性技术：在互动与区隔中权衡

在《考工记》中，王公、士大夫、百工的职业分工的区隔化偏向是明显的。王公只管"坐而论道"，士大夫"作而行之"，百工只负责"审曲面执，以饬五材，以辨民器"。这种社会系统中的职业分工显然与管仲之"四民分业"论有相似之处，不过，"士"与"工"之间的区隔化端倪也是明显的。

第一，"工"与"士"在社会理想的偏向中互动与区隔。从《考工记》中看，"工"与"士"的社会化职能差异直接引起他们的社会理想偏向。"士"的社会理想偏向于合"礼"性技术社会政治，"工"的行为理想偏向于造物设计，并处于"士大夫"之下而被"奴役"。因此，齐国的工匠与其他诸侯国工匠一样，他们的身份与活动空间是受到严格限制的。

第二，"工"与"士"在社会思维的偏向中互动与区隔。"工"与"士"的社会理想偏向差异，又引起了行为思维的差异。"士"的社会思维及定性方法具有合"礼"的社会性，而"工"的行为思维是合"礼"的技术性。合"礼"的社会性思维所偏向的是基于家国天下的宏观的整体宇宙观，而合"礼"的技术性关注的却是微观的经验性的实用物质性。因此，这两种思想导致后来的儒家以"君子不器"的观点出场，从而遮蔽了"工"的文化性与社会性。

第三，"工"与"士"在社会行为的偏向中互动与区隔。上古技术显示出最为原始的"工"与"士"行为的合理性与同一性。因为"技术追求合理性，是利用合理的思考和行动，来克服不合理因素的人类相对自然的行为"[21]。但殷周以来，"工"与"士"的行为在某种程度上说，均在"礼"的合理性因素中追求社会与自然的合理性。一方面，"士"为了践行或实现"礼"的仪式，必然依赖于"工"的造物行为而获得器物；另一方面，"工"又在造物中学会了技术性的计量思维或准科学知识。因此，在技术层面，《考工记》是东周时代一部不可多得的技术与准科学文本。《考工记》中记载的30个专门的生产部门，说明春秋战国时期至少有30个生产技术系统。法国人R. 舍普认为，一个技术体系"总是与一个由知识、技能、论述及可以被广义的技术思想一词所涵盖的一切组成的整体相伴随"[22]。《考工记》中记载的30个专门的生产部门，即30种专门化的创造活动，它的结果就是"技术创造"。同时，30个专门的生产部门也是春秋战国时代的"实验室"，从中产生了史无前例的准科学知识。抑或说，《考工记》里的量化思维俨然包含着诸多

数学科学。可以说，定量化思维是早期定性化思维的一种巨大进步，这些量化思维方法为后期科技的进步奠定了重要基础。

显然，社会理想决定了社会思维及其社会行动。"士"的"礼法"理想与"工"的造物"技术"在礼制中实现互动，在互动中隐藏区隔化风险。

五、合"礼"性区隔及其技术后遗效应

《考工记》所显现的"工"与"士"的合"礼"性区隔直接导致"士"较少对"工"的技术进行哲学思考，"工"也只能在"受之述之"的技术教育层面实现知识传承，同时，"士"与"工"之间的合作潜能被遮蔽，使得"士"与"工"的互动在有隔阂的思想语境下完成，进而迫使中国科学文化始终受制于经验技术。

第一，"士"与"工"的区隔导致"士"较少对"工"的技术进行哲学思考。东周"士"的哲学思考偏向于社会哲学，尤其是合"礼"性的政治哲学，而对自然哲学的思考仅偏向于宇宙起源论或物质论，这些思考又被嵌入了宗教神话以及帝王统治权的合法理由上。因此，东周哲学固化在合"礼"性的社会政治、宗教神话以及神权文化上。东周哲学家缺乏对工匠的历史、技术以及教育的思考，导致技术知识的发展没有向科学领域进军。诸侯战争与原始宗教是不允许哲学家在技术文化上的反思有所作为，因为分裂动荡的诸侯国统治者必须要找到神权与人之间的代言人及其制度。于是孔子及其仁政思想出现了，老子及其道家思想出场了，墨子的兼政思想诞生了，韩非子及其法家思想也兴起了。整个社会的一切文化都被政治化或宗教化了，包括工匠技术及其文化被理解或未被理解的内容均未被纳入哲学层面的思考。由于近代欧洲哲学的繁荣以及人文主义学者对技术文化的反思力度，造就了近代欧洲科学的快速发展，这一点或能反证东周科学未能获得发展先机的原因。

第二，"士"与"工"的区隔导致"工"只能在"受之述之"的传承方式中实现知识传承，这明显不利于科学的启蒙与发展。"受之述之"的知识传承为技术发展提供了"固有的基础"。这里的"之"就是工匠之经验技术知识，而且是一种能与现在或将来衔接的经验技术史。早期的希腊文明与中国的先秦一样，注重的是经验技术史，因此也没有书写诞生科学史。《考工记》记载的攻轮、舆、辀、钟等，主要意图在于这些工具作为一种手段或方

法被用于战争、生活、宗教等领域，这些造物的技术主要不是来自"实验室"，而是来自经验技术史。换言之，《考工记》并没有记载东周时代的科学活动，即在"实验室"里专门为了解决某一技术问题而展开有计划的实验研究，并将这种实验研究结果有目的地用于生产生活中。譬如如何解决天不时、地不气与材不美等问题，对于《考工记》而言，它只能归咎于"材美工巧，然而不良，则不时，不得地气也"，实际上，对于科学家而言，他们可以通过研究新材料或新技术来解决这些自然缺陷的问题。举个例子，科学家将蒸汽机的汽缸改成电磁铁，解决了线性发动机的不足，进而发明了电力发动机。墨子是个例外，但毕竟像墨子这样的学者是很少的，他在技术变革层面，具有超越时代的科学力量。

第三，"士"与"工"的区隔与互动呈矛盾化的演进过程，使得"士"与"工"之间的合作潜能被遮蔽。"士"与"工"的合作潜能是巨大的，可惜东周哲学家或学者没有看到这一点。《考工记》只看到了"工"的"分工"，而没有注意到"士"与"工"的"合作"。《考工记》曰："凡攻木之工七，攻金之工六，攻皮之工五，设色之工五，刮摩之工五，抟埴之工二。"[23]这些分工极细的工匠是"术有专攻"的，并主张"不冶它技"。如果东周将《考工记》中的天文学、地理学、物理学、化学、力学、声学、建筑学、数学等学科"合作"发展，那将是另外一种天地。

第四，"士"与"工"的区隔导致"工"与"士"的身份处于彼此孤立或不独立的状态，很难进行自由融合而达到充分互动。抑或说，"士"与"工"的互动是在有隔阂的思想语境下完成的。科学诞生的条件应是有一批"士"为"实验室"而存在，因为科学知识的诞生与演变主要发生在实验室里，而东周之"工"的活动只是专门化的创造性活动，即技术创造。身份的不独立直接导致东周技术的发展实际上是没有科学目标的，它的发展方向取决于当时社会的战争、宗教以及社会农业等发展目标。同时，也导致"士"对自然哲学的思考与工匠技术哲学的思考是没有区分度的，处于一种混沌的原始状态。

简言之，在中国东周社会，合"礼"性技术文化是非常发达的，但少有科学文化发展的土壤与空间。尽管《考工记》中显示出"工"与"士"的合"礼"性互动迹象，但这种互动是在区隔化风险中演进的，也是极其不利于科学知识的生产与发展。抑或说，在镜像《考工记》后发现，它既涵盖了中国式"齐尔塞尔论题"的最初模型与要义，又昭示出齐国士大夫与百工在互动中潜伏着彼此的区隔化偏向及其后遗效应风险。

注　释

① 有关"齐尔塞尔论题",参见［荷］科恩:《科学革命的编史学研究》,张卜天译,长沙:湖南科学技术出版社,2012 年。

② Long P O, "Artisan/Practitioners and the Rise of the New Sciences, 1400—1600", *SixteenthCentury Journal*, 2013, 65(3), pp. 202-203. DearP. Pamela Long, Artisan/Practitioners and the Rise of the New Sciences, 1400—1600. (The Horning Visiting Scholars Series.) Corvallis: Oregon State University Press.

③ ［日］仓桥重史:《技术社会学》,王秋菊、陈凡译,沈阳:辽宁人民出版社,2008 年。

④ 实际上,战国之前的五帝和夏商时期的上古历史资料的匮乏与无知,很难断定《考工记》是中国造物学的源头,任何现有技术都与曾经的历史密切相关。

⑤《考工记》最多算是齐国的官方技术文本,言之为"科学技术"需要进一步地证明或论证,东周社会是否有"科学"的存在是需要研究的,或最多说齐国有"准科学"的存在。因为"科学知识的演变主要发生在实验室里"。［法］R.舍普等:《技术帝国》,刘莉译,北京:生活·读书·新知三联书店,2012 年,第 83 页。

⑥（汉）司马迁:《史记》,北京:中华书局,2010 年,第 1480 页。

⑦ 俞水生:《汉字中的人文之美》,上海:文汇出版社,2015 年,第 3 页。

⑧（唐）房玄龄等撰,中华书局编辑部点校:《晋书》,北京:中华书局,1974 年,第 1492 页。

⑨（清）孙诒让:《周礼正义》,北京:中华书局,1987 年,第 3114 页。

⑩（清）阮元校刻:《十三经注疏》(《周礼注疏》),北京:中华书局,1979 年,第 905 页。

⑪（清）阮元校刻:《十三经注疏》(《礼记正义》),北京:中华书局,2009 年,第 3563 页。

⑫（清）阮元校刻:《十三经注疏》(《周礼注疏》),北京:中华书局,1979 年,第 905 页。

⑬（周）太公望:《六韬·三略》,北京:新世界出版社,2014 年,第 102 页。

⑭（清）阮元等校刻：《十三经注疏》（《周礼注疏》），北京：中华书局，1980年，第908页。

⑮（清）阮元校刻：《十三经注疏》（《周礼注疏》），北京：中华书局，1979年，第905页。

⑯（清）阮元校刻：《十三经注疏》（《周礼注疏》），北京：中华书局，1979年，第905页。

⑰（清）阮元等校刻：《十三经注疏》（《周礼注疏》），北京：中华书局，1980年，第908页。

⑱（清）阮元等校刻：《十三经注疏》（《周礼注疏》），北京：中华书局，1980年，第908页。

⑲（清）阮元校刻：《十三经注疏》（《周礼注疏》），北京：中华书局，1979年，第908页。

⑳（清）阮元校刻：《十三经注疏》（《毛诗正义》），北京：中华书局，2009年，第879页。

㉑［日］仓桥重史：《技术社会学》，王秋菊、陈凡译，沈阳：辽宁人民出版社，2008年，第211页。

㉒［法］R.舍普等：《技术帝国》，刘莉译，北京：生活·读书·新知三联书店，1999年，第11页。

㉓（清）孙诒让：《周礼正义》，北京：中华书局，1987年，第3305页。

第八章
-
下漆上丹
——《淮南子》
的用漆科学
思想

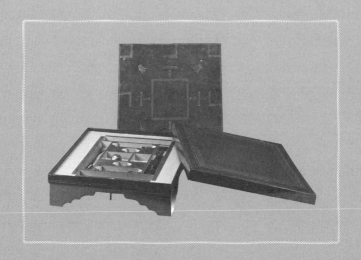

汉代是一个漆器的时代，漆器是"养生送终之具也"。融汇众家思想的著作《淮南子》闪烁着几许植漆、制漆、髹漆等用漆科学思想之光。该著作中论及的用漆与月令、用漆与化学、用漆与工艺、用漆与色彩等语段，充满着汉代的用漆科学思想。

漆树，落叶乔木。树皮内富含树脂，与空气接触后呈褐色，干涸后成黑色，即"大漆"，也称老漆、湿漆、大木漆、木漆、土漆、生漆、自然漆、中国漆、国漆等。它主要盛产于中国，是我国古代重要的经济作物。大漆用途十分广泛，中国是世界上最早发明漆器的国家。在汉代，中国漆器极其辉煌。汉代的不少文献皆论及大漆的历史文化与科学，譬如《淮南子》，亦名《淮南鸿烈》，是我国西汉时期皇族淮南王刘安亲自主持编撰的一部集体性论文大集。全书将道家、阴阳家、墨家、法家、儒家等思想杂糅聚合，但其主要思想"旨近老子"。今人不乏学者从哲学、社会学、文化学、宗教学等多维视点进行研究，实际上从工艺学与设计学视界也能剖析汉代手工业的语境与特色。汉代是一个漆器的时代，漆器乃"养生送终之具也"。那么，融汇众家思想的《淮南子》自然也闪烁着几许植漆、用漆、髹漆等大漆制器的科学思想光辉。

一、用漆与月令气象学

月令是我国先人农作与工艺的一项伟大创举，也是自然科学与气象科学的"元经验"科学的伟大成果。《淮南子·时则训》曰："季春之月……命五库，令百工，审金铁、皮革、筋角、箭干、脂胶丹漆，无有不良。"这段话的标题"时则训"已经清晰地指出："五库"当有"月令"法则，其中就不乏用漆的时令。在科学不发达的古代，月令式"元经验科学"起到了非常大的作用，它成为古人农作与工艺的一张"作息表"。

"月令元经验"法则早在《礼记》中就曾出现，譬如《礼记》曰："季秋之月霜始降，则百工休。"郑玄注曰："谓胶漆之作停。"可以说，《礼记》开创了"月令"式的生产与工艺的计划与管理模式。《淮南子》五库之"月令"法则，实际上完全继承了《礼记》的月令思维。

《礼记》五库之"月令"法则，也被《吕氏春秋》所承接。《吕氏春秋·季春纪》曰："是月也，命工师，令百工，审五库之量，金铁、皮革筋、角齿、羽箭干、脂胶丹漆，无或不良。百工咸理，监工日号，无悖于时；无或作为淫巧，以荡上心。"这段经典语句，其本意乃是天子"命工师，令百工，审五库之量"在时间上的把握与规定，旨在说明金铁、皮革筋、角齿、羽箭干、脂胶丹漆等造物工艺要"无悖于时"。从造物行为与时间上看，明示百工在季春纪必须从事自己的当月当时性工作，都要听从监工每天发布的号令按计划行事，也就是说要"无悖于时"。这是百工必须遵循的首要之理，故"百工咸理"也。这些"理"自是对生产的"元经验"与气象的"元经验"的总结而形成的制度化规定。从用漆之要义可以将这里的"百工咸理"归纳为以下几点：其一，植漆要循天地之时，做到"无悖于时"；其二，用漆要有组织性与计划性，在季春纪，天子要"命工师，令百工，审五库之量"；其三，用漆也需要宣传，尤其要发挥工师在设计组织中的作用，其职责为"监工日号"；其四，用漆计划要求中，不能"无或不良"，也就是说不能出现差错；其五，用漆要遵循功能原则，反对装饰，"工匠不作淫巧"，即"无或作为淫巧"。《吕氏春秋》的用漆思想被《淮南子》所继承，兹分析之用漆月令思想如下：

季春之月，"命五库，令百工，审金铁、皮革、筋角、箭干、脂胶丹漆，无有不良"（《淮南子·时则训》）。其核心思想是：季春为"命工师，令百工，审五库之量"之时，而且规定百工"无有不良"，其中"脂胶丹漆"为"五库"之一，明确规定了"丹漆"生产与制造的计划与制度。

季夏之月，"命妇官染采，黼黻文章，青黄白黑，莫不质良，以给宗庙之服，必宣以明"（《淮南子·时则训》）。可见，夏天温度高，是"染采"的季节。对于髹漆来说，也当包括髹漆之"采"，正所谓"中者错镳涂采"（《盐铁论·散不足》）。

孟秋之月，"是月也，霜始降，百工休，乃命有司曰：寒气总至，民力不堪，其皆入室，上丁入学习吹，大飨帝，尝牺牲，合诸侯，制百县"（《淮南子·时则训》）。说明百工在"霜始降"的时候，要休息，以进太学，学习更多的技艺。"霜始降，则百工休"，也就是说，胶漆之作停也。

孟冬之月，"是月也，工师效功，陈祭器，案度程，坚致为上。工事苦慢，作为淫巧，必行其罪"（《淮南子·时则训》）。这段话的意思是：冬季是考核工师工效的时候，令工师"陈祭器"，看看他们是否按"度程"设计，如果有"淫巧"之设计，则"坚致为上"，如果"工事苦慢，作为淫巧，必行其罪"。漆器，也是祭器的一种。

从春季"审五库"，到夏季"黼黻文章"，再到秋季"百工休"而"入学习吹"，然后到冬季"工师效功"，可谓是一个完整而科学的计划管理过程，也是根据气象元经验得出的一项造物制度。但就漆器生产来说，有春季的计划、夏季的生产、秋天的学习、冬季的考核。这是精心的漆器科学管理与组织思想，难怪战国至秦汉的大漆生产与设计出现了国漆繁荣的首座高峰。

在汉代，《四民月令》真正继承了《礼记》《吕览》《淮南子》之"月令"元科学模式，以自然时令和气象物候为参照系，记述庄园一年十二个月的农事、工艺与商业等活动事项的计划安排。譬如《四民月令》各月有关制漆思想如下：

正月，"命女红趣织布"，"可移诸树：竹、漆"，也就是说，春天可以移栽漆树。

二月，"玄鸟巢，刻涂墙"，也就是说可以用漆涂墙，雕梁彩栋。

三月，"日烈暵，利以漆油"，即此时可以利用温度与阳光做漆绘之事。

四月，"具机杼，敬经络"，机杼也要髹漆。

五月，"乃弛角弓弩，解其徽玄；彀竹木弓，弛其弦"，即弓弩用漆。

六月，"命女红织缣缚"，"可烧灰，染青、绀诸杂色"，即可染漆。

七月，"浣故制新，作袷薄"，"收缣练"，即可割漆。7月上旬至7月下旬是割漆的最好季节，正所谓"三伏漆"。

八月，"趣练缣帛，染采色"，也即可以染漆；"制新、浣故"，"可上角弓弩，缮治"，也即可以修缮漆兵器。

九月，"修箪""缮五兵"，即兵器修缮、髹漆。

十月，"培筑垣墙"，"可析麻，趣绩布缕"，麻布也为制漆的用料。

十一月，"命幼童读《孝经》《论语》、篇章、小学"，即可以学习用漆之事。

十二月，"宾旅""休农息业""遂合耦田器"，农器也有髹漆之事。

可以看出，庄园里的手工业种类有染织、漆器、纺织、兵器、农具等。尤其对纺织、染织与漆器等活动，无论是手工业漆器制造，还是漆器商业活动，皆富有一定的计划性、周期性与频繁性。对髹漆材料的准备十分重视，如从"可移诸树：竹、漆"、"可烧灰，染青、绀诸杂色"、"修箪"等思想足以见出；对髹漆的时令把握也十分讲究，如"玄鸟巢，刻涂墙"、"日烈暵，利以漆油"

等；同时对髹漆技术的学习同样摆在年度计划的"休农息业"中。总之，《四民月令》吸收了前人的月令科学思想，反映了汉代庄园地主经济中的漆制管理思想与气象元经验科学。

二、用漆与化学科学

到目前为止，还没有研究证明汉代人对化学分子学的认知，但不能断定汉代就没有化学分子学。实际上，当时的化学分子"元科学"是十分发达的，就漆化学分子而言，当时对漆性的认知是相当成熟的。

《淮南子·览冥训》曰："夫燧之取火于日，慈石之引铁，蟹之败漆，葵之乡日，虽有明智，弗能然也。"《淮南子·说山训》也曰："膏之杀鳖，鹊矢中猬，烂灰生蝇，漆见蟹而不干，此类之不推者也。"

"蟹之败漆"，意思是蟹黄与大漆相克。蟹是十足目短尾次目的甲壳动物，蟹壳可用以提炼化工原料甲壳素，也能提制葡糖胺，即甲壳质水解后的产物。现代高分子化学研究表明："甲壳素的水解产物为 2- 氨基 -D- 葡萄糖。它是由乙酰氨基葡萄糖聚合而成的多糖，所以称为聚乙酸氨基葡萄糖，简称为壳多糖。"[①] 壳多糖又称几丁质，具有强吸湿性，保湿效果极佳。

生漆的主要成分有漆酚、树胶、水分等，漆酚遇到蟹黄后，甲壳素的水解产物壳多糖就产生了保湿作用，如蟹黄污衣，能以蟹脐擦之即去；同样漆毒患者也可搽蟹黄治疗。"漆见蟹而不干"，也是同样的道理，也就是漆酚遇到蟹黄后产生过量水分而不干。古人不使用"蟹黄"入漆，其原因大概在于"漆见蟹而不干"。

实际上，汉代人也许不知道蟹黄中的甲壳素或葡糖胺，他们多半是在实践中掌握了元化学高分子知识，或者说，在制漆中不断掌握了漆酚与壳多糖的关系。"蟹之败漆"与"漆见蟹而不干"足以证明至少在汉代或之前，人们就掌握了甲壳素的性能以及漆酚的溶解剂特质。

漆对漆工的身体污染是严重的，有"漆咬人"之说。"漆疮"是常见的漆病，因为漆酚具有毒性，能引起皮肤起泡与过敏性皮炎。《淮南子》中也记载了豫让"漆身为厉"的故事。《淮南子·主术训》曰："豫让欲报赵襄子，漆身为厉，吞炭变音，擿齿易貌。"可见制作漆器是一项能引发身体过敏而艰苦的作业。因此，《论衡·龙虚篇》曰："豫让吞炭，漆身为厉，人不识其形。"

《髹饰录·序》中也记载："漆身为癞状者，其毒耳。"汉代从事漆器生产的人很多，制漆环境恶劣，漆场里的"漆病"可能是西汉的一种常见职业病。因此，古人常用膏蟹的蟹黄涂抹于患处来治疗漆毒，不失为一种好办法。也或者说"蟹之败漆"，就是当时为治疗漆病而发现的"元医疗科学"。

汉代人不仅能认识"蟹之败漆"与"漆见蟹而不干"的元化学科学，还能认识"胶漆相贼"的元化学科学。《淮南子·说山训》曰："天下莫相憎于胶漆，而莫相爱于冰炭。胶漆相贼，冰炭相息也。"《淮南子·泰族训》也曰："丹青胶漆，不同而皆用，各有所适，物各有宜。"胶，黏性物质，有用动物的皮或角等熬成的，也有植物分泌的或人工合成的；而漆液的品性也具有黏稠性，可作胶之用。如《后汉书·王充列传》曰："后世圣人易之以棺椁，桐木为棺……栽用胶漆，使其坚足恃。"《汉书·楚元王传》曰："以北山石为椁，用纻絮斫陈，蒌漆其间，岂可动哉！"说明汉代棺具多用胶漆，因为"胶漆相贼"，胶与漆的结合更加具有黏稠性。现代化学研究证明，胶为高分子体的醋酸乙烯，水是高分子体的载体，水载高分子体浸入漆液的组织内。当胶水分子消失后，胶中的高分子体就紧紧地拉合在一起而具有黏稠性。这说明汉代人对"丹青胶漆""胶漆相贼"等元化学科学的认识已经相当成熟。

三、用漆与工艺学

我国的手工业技术是建立在个人技艺的娴熟之上的，家庭内部传授一些具有诀窍的技术，往往是传男不传女，以防流传到家族以外。《考工记》曰："巧者述之守之，世谓之工。"说明古代手工业技术的专业分工具有单一性。《淮南子·主术训》曰："古之为车也，漆者不画，凿者不斗，工无二伎，士不兼官，各守其职，不得相奸，人得其宜，物得其安。"可见，"漆者不画"式的"工无二伎"是当时漆工艺中的典型现象。

根据《汉代漆器纪年铭文集录》[②]记载，蜀汉郡髹漆专业分工表现具有单一性，这一点从出土的漆器铭文上也能看出。如在乐浪古坟出土的漆盒盖上的铭文："元始四年，蜀郡西工，造乘舆髹洰画纻黄涂辟耳尊，容三升盖，髹工吕，上工活，铜辟黄涂工古，画工钦，洰工戎，清工平，造工宗造……"大同江面石岩里第九号坟出土的夹纻漆盘上铭刻有："居摄三年，蜀郡西工，造乘舆髹洰画纻黄扣果盘，髹工广，上工广，铜扣黄涂工充，画工广，洰工丰，清工平，造工宜造，护工卒史章……"乐浪王盱墓出土的漆杯有铭曰："建武二十一年，广汉郡工官，造乘舆髹泀木侠纻杯，容二升二合，素工伯，髹工鱼，上工广，泀工合……"从以上铭文可见，髹漆专业分工次序为：髹工—泀工—画工；或造乘舆—髹工—上工—铜扣黄涂工—画工—泀工—清工—造工；或素工—髹工—上工—泀工—造工。这说明"漆者不画……工无二伎"。

不过在汉代，巴蜀地区有很多优秀的髹漆名匠，如"丰"，打破了"工无二伎"的传统。如甘肃省武威磨咀子出土的巴蜀漆耳杯，在近底座处有针刻铭文"泀工丰"③。再如在朝鲜出土的蜀汉漆器铭文"画工丰""素工丰""髹工丰""泀工丰""髹工丰"④。从这些漆器铭款中多次出现"丰"的工艺，可见"丰"是蜀中的"髹漆大师"，懂得"画""素""髹"等多种髹漆工艺，同时也说明汉代巴蜀髹漆管理制度的灵活性。当然，巴蜀漆器匠人的技术与汉政府在巴蜀实施的漆器管理与生产有关。

另外，汉代工匠对髹漆工艺技术的掌握也是十分精深的。《淮南子·说山训》："染者先青而后黑则可，先黑而后青则不可；工人下漆而上丹则可，下丹而上漆则不可。"丹是古代用作染色的颜料，《仪礼·乡射礼》曰："凡画者丹质。"《说文解字》曰："丹，巴越之赤石也。"《华阳国志·蜀志》曰："其宝则有璧玉、金、银、珠、碧、铜、铁、铅、锡、赭、垩……丹黄、空青。"《华阳国志·巴志》曰："丹、漆。"《华阳国志·蜀志》也记载蜀地有"漆、麻、纻之饶"。《史记·货殖列传》曰："巴蜀亦沃野，地饶卮、姜、丹沙、石、铜、铁、竹、木之器。"可见四川盛产制作漆器的主要原料丹珠等。

丹与漆的先后使用可以从出土的漆器铭文中窥见。据《汉代漆器纪年铭文集录》⑤载，大同石岩里丙坟出土的漆耳杯铭文曰："始元二……髹工当（下漆），工将夫，画工定造（上丹）。"石岩里丙坟出土的金铜扣器扁壶铭文曰："……造乘舆髹（下漆）画木（上丹）黄扣。"大同石岩里丙坟出土的漆耳杯铭文曰："元始三年……髹工赣（下漆），上工潭，铜耳黄涂工充（下漆），画工谭，工戎（上丹）。"乐浪古坟出土的漆盒盖铭文曰："元始四年……髹工吕（下漆），上工活，铜辟黄涂工古，画工钦（上丹）。"大同石岩里第九号坟出土的夹纻漆盘铭文曰："居摄三年……髹工广（下漆），上工广，铜扣黄涂工充，画工广（上丹）。"这些铭文中的次序有一个共同点，就是"下漆而上丹"。

"下漆而上丹"的思想较早见于《论语·八佾》："子夏问曰：'巧笑

倩兮，美目盼兮，素以为绚兮'何谓也？子曰：'绘事后素。'"这里的"绘事后素"与《考工记》中"凡画缋之事后素功"具有相通性。朱熹集注曰："绘事，绘画之事也；后素，后于素也。"也就是说，"绘画之事后素功"，是指先以白粉地为质，而后施加五彩。就如同人有美目与巧笑的基础，然后才可加文饰。其实，"绘事后素"在设计学上意味着装饰的可能性与美学性。或者说，装饰是建立在材料的有用性与本然性的基础之上，它也体现了"下漆而上丹"的工艺。

简言之，《淮南子》中的"下漆而上丹"思想实际上就是继承了先秦用漆思想，它与现代髹漆技术是吻合的，足见古人对漆工艺科学思想认识的深度。

四、用漆与色彩学

古人曰："凡漆不言色者皆黑。"《考工记》曰："青与白相次也，赤与黑相次也，玄与黄相次也。""赤与黑相次"，意为赤与黑的搭配具有相容性。

《淮南子·齐俗训》曰："漆不厌黑，粉不厌白。"漆黑，是漆的最本质色彩；丹红，是漆的最富有色彩。黑与红是汉代用漆的主要色彩。"漆不厌黑"是《淮南子》对漆性的最好表述。

黑色在汉代之前，就是漆器的主要色彩之一。《韩非子·十过篇》记载，作为食器，"墨染其外"，物之黑者曰漆，漆黑。周人尚赤，大事敛用日出，戎事乘骊，牲用骍。"后墨子行夏道，衣服尚黑。秦代尚黑，而汉初承之。秦始皇尚黑、好大、崇威、巨丽的审美趣味是形成秦代漆器艺术风格的主导因素。黑色是秦代的"国色"，漆之乌黑与之映衬。《史记·秦始皇本纪》曰："始皇推终始五德之传，以为周得火德，秦代周德，从所不胜。方今水德之始，改年始，朝贺皆自十月朔。衣服旄旌节旗皆上黑。不仅如此，连秦代平民也改称"黔首"，黔，乃黑色也。汉承秦制，汉代也崇尚黑色，《拾遗记·前汉下》曰："汉成帝好微行，于太液池旁起宵游宫，以漆为柱，铺黑绨之幕，器服乘舆，皆尚黑色。"

漆黑是大漆的本然色彩，黑得沉静、黑得厚重、黑得单纯、黑得神秘。古人曰："凡漆不言色者皆黑。"我们经常形容未知的世界为"漆黑一团"，然而正是"漆黑一团"造就了漆艺家的艺术动力——冲破"黑暗"，寻找光明。因为漆黑之美：沉静，不是死寂；厚重，不是沉重；单纯，不是单调。而这些"死寂""沉重""单调"等，就是漆艺家必须摆脱的痛楚与冲越的墙，否则漆黑就失去了本然的美。实际上，任何艺术都是黑暗中的一堵"墙"——是界限——是跨越与超脱的对象。漆黑的光明——第一缕彩色之光就是天然硫化汞，也就是银朱。它的发现与入漆，使朱红成为仅次于漆黑的第二大魅力漆彩。漆黑是漆的最本质色彩；丹红是漆的最富有色彩。漆黑而有光泽，丹红而又艳彩。《淮南子·齐俗训》曰："夫素之质白，染之以涅则黑；缣之性黄，染之以丹则赤。"

色彩，就其本意来说，实际为了装饰。而"装饰"源于"装"与"饰"的两种功能，前者是为了实用，后者是为了美化。从总体上看，汉代漆器的"装饰"以实用为先，以修饰为后。当然，汉代漆艺之"饰"除了美化之外，还包含许多诸如宗教、皇权、威武、五行等文化心理因素。譬如《后汉书·礼仪下》曰："诸侯王、公主、贵人皆樟棺，洞朱，云气画。公、特进樟棺黑漆。中二千石以下坎侯漆。"所以，一部色彩学，也即一部美学与文化学。

《淮南子》⑥毕竟不如《考工记》一类的手工业著作那样具有专业性，它所提及的手工业科学思想也只是辅证其理论而发，尤其是汉代用漆科学很少，但绝不能忽略。因为哲学形态的思想往往是生活与科学的高度凝练，如果用漆艺人的视野去审度该著，也能窥视其大漆科学与技艺。本文发墨钩沉其漆制科学思想，权当一次解读文献方法之尝试，也期昭示汉代大技艺与科学思想的先进。

注 释

① 甘景镐：《甲壳质与生漆膜改性》，《中国生漆》1992 年第 4 期。

② ［日］海原末治：《汉代漆器纪年铭文集录》，刘厚滋译，《考古》1937 年第 6 期。

③ 甘肃省博物馆：《武威磨咀子三座汉墓发掘简报》，《文物》1972 年第 12 期。

④ ［日］海原末治：《汉代漆器纪年铭文集录》，刘厚滋译，《考古》1937 年第 6 期。

⑤ ［日］海原末治：《汉代漆器纪年铭文集录》，刘厚滋译，《考古》1937 年第 6 期。括号内容为作者加注。

⑥ 所有《淮南子》引文，均出自陈广忠译注：《淮南子》，北京：中华书局，2012 年。

第九章

-

异域驼铃风
雨路——唐宋
盛始的中华
技术物的全球
传播

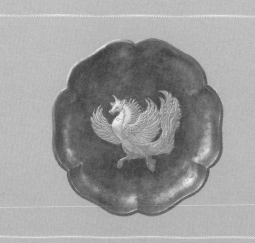

在全球史视角下，丝路的中华技术物遗产已然成为全球共享的技术景观。在全球丝路交往过程中，中华技术物借助贸易、宗教以及朝贡等途径，实现了从技术物到文明物的全球传播，彰显了从物的位移到思想质变的传播机理，重构了丝路沿线民众的生活系统、伦理系统、精神系统和文明系统，创生了跨国家、跨地区和跨民族的全球技术文明，展示了中华技术物的全球传播功能与价值。明鉴唐宋盛始的丝路中华技术物的全球传播，有益于回击反技术主义论调及文明中心论偏见，重现中华文明在全球文明体系中的卓越建树与独特价值。

在马克思那里，技术已然成为一种劳动资料或劳动中全部活动手段①。马克思在《布鲁塞尔笔记》（1845年）、《伦敦笔记》（1850年）、《机器、自然力和科学的应用》（1861—1863年）与《资本论》（1867—1894年）及其手稿中多次论及作为劳动资料的"技术物"②，譬如机器、产品以及工艺品等③。因此，劳动技术观或"技术物"思想贯穿了马克思关于资本研究的始终，马克思资本视角下"技术物"的概念已接近现代意义上的"技术"语义。换言之，狭义上的所谓"技术物"，含有手工技术的物品，它区别于自然之物或机械之物，属于匠作技术物的范畴。与"机械技术物"和"虚拟技术物"相比较，狭义上的"技术物"④或"工匠技术物"是一个内含"人情味"或"生活感"的概念，因为"工匠技术物"联系着工匠的手、工匠的精神以及造物者的情感。或者说，狭义上的"技术物"是一个内含情感性、功能性和社会性的概念，并指向工匠的手作技术范畴，与生活、情感紧密相连。

技术和技术物是社会的重要组成部分，它是社会生产力的重要标志，也是社会生活与文明的标尺。因此，进入现代社会以来，与"技术物"相关的"技术—社会问题"成为学界研究的重要命题，尤其是人们对"技术—人文问题"的关注较多。美国科技史学家乔治·萨顿（George Sarton，1884—1956年）反复强调，科学史家应当重视技术与人文的融合。对此，休斯（Thomas P. Hughes）较早提出了"社会—技术系统"命题，马歇尔·麦克卢汉（Marshall McLuhan，1911—1980年）在《理解媒介》《机器新娘》等著作中也提出了"技术—宗教命题"和"技术—环境命题"等重要范式⑤，显示出技术物的宗教性、环境性和社会性的互动关系。同时，马克思、韦伯、卢卡奇、霍克海默、海德格尔、阿多尔诺等也都致力于对技术或技术物的本质追问，聚焦技术物与社会的关联问题。除此之外，国内学者多有对技术哲学的研究，也有部分学者对技术物的相关问题展开了研究，譬如研究"技术—人文问题"（先秦技术人文化）[⑥]、"技术物—道德问题"（技术道德化）[⑦]、"技术物—伦理问题"（技术中介论）[⑧]、"技术物—消费问题"（社会消费技术论）[⑨]等，但多从静态视角研究技术物。

尽管人们在对"技术物"的思考中，显示出对现代"技术物—社会问题"的极度关注，但是在以往的现代技术物的研究中，多数情况下存在着以下三种学术性偏向：一是较少关注传统意义上的"匠作技术物"，多聚焦于"机械技术物"带来的社会问题；二是现代哲学家对"技术社会"技术物的关注，普遍以机械技术物优越的工业逻辑超越人文逻辑的视野展开分析，技术和文化似乎成为宿敌；三是较少关注全球史视野下技术物的功能与价值，对技术物全球传播研究的忽视，掩盖了技术物在全球范围内的传播功能与侨易价值，尤其是中华技术物在全球的建构和维护主体身份认同、社会政治秩序以及精神文明等方面的作用被长期埋没。

针对上述研究偏向，对技术物的研究至少还存在三大可突破的学术空间：一是从以往局部的偏"静态技术物"研究向全球的"动态技术物"研究突破，实现从"内史型"技术史研究向"外史型"技术史研究转型；二是从以往的"技术"研究向"技术物"研究突破，实现从"技术恐惧论"向"技术意义论"转型；三是从以往的"技术物的革命要素"向"技术物的历史功能"研究突破，实现从"突变技术物"向"守成技术物"转型。显然，开展全球史视野下的丝路匠作技术物的"外史型"研究十分必要。

一、全球中华技术物景观

在丝路上，中华技术物是全球贸易与交往的对象。在丝路"物的交往"中，中华技术物实现了由"技术物交往"向"文明物交往"的蜕变。这些技术物的交往在丝路上留下了很多遗产性技术景观，对其做知识学考古，或能还原中华技术物在全球的传播史。

1. 欧洲的中华技术物景观

在欧洲，中华技术物分布较广。在德国，20世纪80年代在斯图加特的霍克杜夫村发掘出公元前6世纪的中国丝绸残片[⑩]，可以说，中国丝绸早在春秋战国时期或更早之前就已经传入德国。15世纪中叶，德国首先使用活字印刷术印制《圣经》。在意大利，中国造纸技术在14世纪被传入，意大利因此成为欧洲造纸术传播基地[⑪]。在法国的瓦尼科罗岛及附近海域曾发掘出7808件中国瓷片，其中青花瓷（片）多达5552件。另外，铜版画是中法技术物交往的一个"物证"[⑫]。法国国王路易十六在满足了清帝要求印制的铜版画数量后，还印制了《得胜图》[⑬]多份，至今仍收藏于法国国家图书馆。在荷兰，1603年2月25日荷兰东印度公司的希姆斯柯克船长在柔佛港口（马来西亚）劫掠了一艘载有1200捆中国生丝的"圣·凯瑟琳娜"号葡萄牙商船。随后，船长公开向欧洲国家抛售船货，阿姆斯特丹由此成为著名的"丝市"。在葡萄牙，在对科英布拉旧圣克拉拉修道院遗址[⑭]的考古发掘中，出土了中国瓷器片5000多件，可复原的大概有400件瓷器。在欧洲各个国家考古发掘出的中华技术物不仅是丝路上珍贵的文化遗产，还是丝路文化传播遗留下的独特的技术景观，重现了古代丝路中华技术物传播的历史。

2. 亚洲的中华技术物景观

在亚洲，中华技术景观遗产十分壮观。伊朗在拉达克列城的一次考古发掘中出土了"各种各样的青铜饰物，其中有手指大小的椭圆形珠子、假宝石制成的珠子、顶部有三角形孔和挂环的铃形垂饰和青铜碎片，石珠与波斯文化有关联"[⑮]。在西藏以西的克什米尔布尔兹霍姆石器时代遗址中，曾发现"一种长方形骨片，靠近两端刻有横槽，这与伊朗西部克尔曼沙甘吉·达维（Ganj Dareh）新石器时代早期遗址所见的骨片如出一辙"[⑯]，这或是早期西亚文化与西藏文化交流的物证。1936—1939年，美国纽约大都会博物馆人员3次发掘伊朗内河布尔古城遗址，发现了唐代华南产白瓷钵、碗残片。印度在阿萨姆北加贾尔山的发掘中，"出土了素面红陶和绳纹陶……在印度中央邦的纳夫达托里和南部邦格纳伯莱邦的帕特帕德等地所发现的彩陶带流钵，器形同于云南宾川白羊村出土之陶钵"[⑰]。在日本，1954年日本冲之岛冲津宫祭祀遗址出土了 4 片三彩陶片，1969 年九州大学冈崎敬教授在此岛发掘出 18 片三彩陶片[⑱]。日本发现的唐三彩[⑲]或为遣唐使、工匠、僧侣带到日本的，或为唐朝政府馈赠，或为从新罗（朝鲜）或其他地方民间转手获得。在日本，越窑青瓷出土地点达 130 多处，多集中在九州地区及京都平安京、奈良平城京等地。长沙窑瓷器出土遗址 20 余处，主要分布在京都、奈良、九州地区寺院、墓葬与居住地等遗址。白瓷出土 50 多处，主要分布在奈良、京都、千叶、富山以及福冈等遗址[⑳]。日本国收藏的"宋代建窑曜变茶盏 3 件、油滴茶盏 1 件、宋代吉州窑剪纸贴花折枝牡丹纹茶盏 1 件、宋代龙泉窑青釉直颈瓶 1 件、青釉凤耳瓶 1 件、元代龙泉窑青釉褐斑玉壶春瓶 1 件"[㉑]，均被视为"国宝"。在以中国为中心的亚洲文化圈，中华技术物遗产的分布范围很广，技术景观的再现说明了中华技术物在亚洲传播广泛，折射出中华技术物在亚洲传播的轨迹与历史。

3. 非洲的中华技术物景观

中国瓷器早在公元 6—7 世纪就开始被运往非洲，而大规模输入非洲大约出现在公元 9—10 世纪[㉒]，从晚唐至清代各个时期均有输出。在埃及、埃塞俄比亚、索马里、坦桑尼亚、津巴布韦、赞比亚、刚果等地均发现了中国瓷器或瓷片[㉓]。在肯尼亚马林迪区域的曼布鲁伊（Mambrui）遗址和马林迪（Malindi）老城遗址[㉔]，也出土了大量的中国瓷片以及伊斯兰釉陶。尤其是在埃及开罗福斯塔特遗址发掘出土中国陶瓷残片达 1.2 万块，陶瓷类型多样、分布广，几乎涉及中国唐宋元明清各个时代的陶瓷。陶瓷来源地亦十分广泛，有河北邢窑白瓷、景德镇青白瓷、浙江龙泉窑青瓷、安徽黄釉瓷、长沙窑釉下彩青瓷等[㉕]。2001 年，在南非莫桑比克圣塞瓦斯蒂安港（San Sebastian）附近发现一艘葡萄牙沉船"Espadarte"号，该船载有"嘉靖年造"与"癸丑年造"（嘉靖三十二年，1553 年）等款纪年瓷器。"Espadarte"号沉船所出"折枝花杂宝纹边饰"盘与"南澳Ⅰ号"（或为隆庆前后沉船）所出"丹凤朝阳"纹盘如出一辙。另外"Espadarte"号沉船所出"枝头鸟纹"杯、"麒麟纹"杯、"一路清廉"纹碗等与"南澳Ⅰ号"出水瓷器装饰风格大体一致[㉖]。在非洲，中华陶瓷技术物的文化遗产是海上丝路交往的有力见证，也是中华技术物传播至非洲的景观再现。

4. 美洲的中华技术物景观

大约在 16 世纪 70 年代，西班牙殖民者在菲律宾与中国人相遇，从此西班牙人成为中国和拉美建立"贸易关系"的掮客，中华技术物由此走向拉美地区。同时，西班牙还占据了墨西哥以南的广大拉美地区，进而把殖民势力从欧洲延伸至亚洲和拉丁美洲，于是亚、欧、美之间的"技术物的交流网"形成了。19 世纪以来，在墨西哥曾发现公元 5 世纪前后的中国佛珠等文物[②]。在南美洲，秘鲁也曾发现公元 5 世纪左右的中国文物。1865 年，秘鲁人孔德·德瓜基"在特鲁希略附近掘出一座金属女神像，梳中国式发辫，脚踏龟蛇，神像旁边刻有汉字'或南田井'四字。德国考古学家约塞·基姆克确认这尊神像为中国文物，埋藏地下可能已有千年以上……在秘鲁利马国家博物馆中，有两件画有八卦图形的陶器，编号为 1470 号。秘鲁历史学家弗朗西斯科·洛艾萨断定它们是中国文物，是千数百年前由中国运到秘鲁的。秘鲁境内还曾掘出一块石碑，虽已剥落不堪、字迹模糊，而中文'太岁'二字却很清楚"[③]。另外，美国考古队曾在旧金山以北德鲁克海湾附近的印第安人贝冢中，发掘出中国明代万历年间青花瓷 70 余件。经考证，这批瓷器来源于大帆船"圣·奥格斯汀"号，该船是 1595 年 11 月从马尼拉经北美沿岸驶往墨西哥的大帆船，因遇风暴沉没，之后被印第安人打捞后埋入贝冢。可见，中国和拉美在"技术物的交往"中留下了许多珍贵的技术景观遗产，这是中华技术在拉美地区广泛传播的实物证据，显示了中华技术物在拉美传播的悠久历史。

总之，在全球范围内，中华技术物在丝路沿线国家留下了许多技术景观遗产，展现出中华技术在全球传播的足迹，见证了中华技术物与世界各地人民的交往历史。

二、中华技术物的全球传播路径

在丝路上，技术物的传播路径主要是依赖丝路贸易展开的。因此，"贸易"是技术物传播的主要路径，但丝路技术物还伴随着西方传教士来华以及中外政治关系维护下的"朝贡交往"而传播。因此，"宗教"和"朝贡"也是技术物的传播路径。

1. 贸易传播

技术物是丝路贸易的对象，也是丝路文化传播的媒介。在丝路贸易与传播中，中华技术物展现出全球交往的功能，实现了跨国家、跨地区和跨民族的全球传播，除了在亚洲地区传播之外，还在欧洲、美洲和非洲等地区广泛传播。

在欧洲，16世纪初，葡萄牙人首先来到中国"贩卖"中国陶瓷等技术物，西班牙人、荷兰人、法国人、英国人等紧随其后。明朝正德九年（1514年），葡萄牙航海家科尔沙利抵达梦想中的东方，并在屯门岛（今广东东莞）登岸，从中国商人那里购买了廉价的瓷器，打包运回葡萄牙获利。葡萄牙的里斯本有一条中国瓷器街——"格尔明"街闻名于欧洲。1571年，西班牙非法侵占菲律宾之后，于万历三年（1575年）开辟了从广州起航经澳门出海，到马尼拉中转直至拉丁美洲的墨西哥阿卡普尔科（Acapulco）和秘鲁利马（Lima）的贸易航线。荷兰学者C.J.A.约尔格在《荷兰东印度公司对华贸易》中描述道："1604年被俘获的'卡塔林纳'号和另一条葡萄牙商船上的货物在阿姆斯特丹进行拍卖成交，其情景更是令人叹为观止。这些船只当时正行驶在从澳门往马六甲的途中，满载着瓷器、生丝、丝织品、黄金、漆器、家具、糖、药材以及其他中国商品。"[②]1698年，法国东印度公司商船"昂菲德里特"号在拉罗舍尔港起碇驶向中国，进行海上漆器、瓷器、丝绸等中华技术物的贸易活动。1785年8月1日，法国国王路易十六派遣刺培鲁斯公爵（Jean Francois Laperouse, 1741—1788）率"指南针"号和"天体仪"号两艘远洋船从布雷斯特港出发去往远东，进行科学考察与贸易活动[③]。

在美洲，1784年乔治·华盛顿（George Washington, 1732—1799）派出"中国皇后"号商船远航中国，或正式开启了中美早期的海上商业贸易[③]。美国人赖德烈在《早期中美关系（1784—1844）》一书中如是描述道："1784年2月22日'中国皇后'号带着国会颁发的一张船证作保护而出发了……于8月28日碇泊于广州的港口黄埔。"[②]这次来华的美国商船"中国皇后"号由纽约港口出发，经威德角群岛航行至好望角，再转至广州黄埔港。1784年年底，返回美国的"中国皇后"号带回了大量的丝绸、布匹、漆器、瓷器、牙雕、茶叶等中国货物，美国民众争相购买。美国人卡尔·L.克罗斯曼（Carl L. Crossman）在《中国贸易：出口绘画、家具、银器及其他产品》中如是记载道："虽然 Jr. 杜德利·皮克曼极大部分投资于丝绸，但是他似乎更关心他的小订单。在他信里，首先最重要的是两套漆器托盘或碟子，这些漆碟尺寸固定，每套六个。一套给他自己，另一套给他朋友。"③从克罗斯曼描述的"小订单"可以看出美国人对中华技术物的爱好与需求。

历史上，郑和7次下西洋，有4次抵达非洲。在今天的索马里布拉瓦郊区还有一个很大的村庄，叫作"中国村"，又名"郑和屯"。据说当年郑和使团曾来过这里，这个村子的名字就是为了纪念郑和来访而命名的。这些非洲国家，正是由于郑和第四次下西洋，开辟了新的航线，中华技术物由此广泛传播至非洲各地。

2. 宗教传播

从宗教视角看，古代丝路也是一条宗教之路。公元3世纪末期，印度佛教开始传入汉代中国。公元7世纪左右，叙利亚教会的传教士携景教来到大唐帝国。13世纪末期，罗马教宗尼古拉四世派传教士孟高维诺（1247—1328）从海路来到元朝的中国传播天主教。16世纪，意大利天主教耶稣会传教士利玛窦（1552—1610年）用"汉语著述"的方式传播天主教教义。西方传教士在中外技术物的交往交流中起到了不可或缺的作用。

马可·波罗和利玛窦是中国与意大利交往史上的两个代表性人物。马可·波罗（Marco Polo，1254—1324年）是13世纪意大利的商人与旅行家。他在17岁的时候随父亲尼科洛和叔叔马泰奥沿陆路丝路前来东方，于1275年抵达元朝大都。他在中国游历生活长达17年，并出任元朝官员，还访问过当时中国许多地方。16世纪，意大利天主教耶稣会传教士利玛窦于明朝万历年间来到中国传教。传教士沿着古代丝绸之路不仅传播了他们的宗教信仰，还将中国技术物源源不断地输入西方世界。根据现有史料发现，宗教应该是中国和德国早期交往的主要缘起。公元14世纪初，德国的天主教神甫阿尔诺德（Bruder Arnold）来到中国元朝大都，他是踏上中国土地布道的首位德国人。德国耶稣会教士学者邓玉函（Johann Schreck，1576—1630年）是中德交往的先驱，他与扬州推官王徵合作编译了《奇器图说》（3卷），该部书首次向中国人介绍了西方的力学与机械知识。16世纪末叶，西班牙耶稣会士胡安·冈萨雷斯·德·门多萨（Fr. Juan Gonzàlez de

Mendoza）编写了《大中华帝国史》，向西方介绍了中国的诸多技术物㉞。1684 年至 1707 年，康熙 6 次南巡，接见传教士是南巡的一项重要内容。由于康熙对葡萄酒和奇器颇感兴趣，传教士经常向他进献西洋物品；在收下礼品之后，康熙通常给予传教士非常丰厚的回报。1699 年，杭州天主堂的意大利神父潘国良（E.Laurifice，1646—1703 年）就专程到无锡迎候，并受到了康熙的接见㉟。另外，在中西工匠文化交流中，意大利传教士马国贤（Matteo Ripa，1682—1746 年）借助西方的"铜版画艺术"架起了中西文化交流的桥梁㊱。1724 年，马国贤带着避暑山庄铜版画与他的学生等一行 6 人返抵意大利，在返回欧洲途经英国伦敦时引起了轰动㊲。《避暑山庄三十六景图》几乎成为英国园林"中国风"盛行的基点或准备，推动了英国皇家园林设计的创新㊳。

3. 朝贡传播

在以一元体系为特征的古代中国，朝贡成为处理国际关系的重要政治制度。明朝建立后，明太祖朱元璋从制度上规定了"厚往薄来"的朝贡原则，并成为国家外交政治行为体制。由于明以后国家实行海禁政策，海外在朝贡制度下获得了海禁后不能进行贸易的中国货物，因此，原先政治性质的朝贡活动逐渐演变成具有经济性质的贸易行为。

1371 年，明朝政府曾规定高丽、琉球、安南、占城、苏门答腊、爪哇、三弗齐等"外藩"以及西洋、南洋地区的一些国家为"不征之国"，明确规定凡是藩属国需要定期向我国进献方物，即"朝贡制度"。同时规定，凡来贡方物之国或来华的朝贡者均给予一定恩赐。雍正五年（1727 年）赏葡萄牙国王库缎、瓷器、洋漆器、纸、墨、字画、绢、灯扇、香囊等物，又加赏来使倭缎、瓷器、漆器、纸墨、扇、绢等物。至乾隆十八年（1753 年），又特赐国王龙缎、妆缎、花缎、线缎、百花妆缎、绫纺丝、杭绸、玛瑙玉器、珐琅器、漆器、瓷器、紫檀木器等㊴。乾隆时期，军机处分别拟呈了按常例赏赐英国的物品清单及对英国特别加赏的物品清单㊵，有紫檀彩漆铜掐丝珐琅龙舟仙台、填漆捧盒、红雕漆春寿宝盘、红雕漆八角方盘、红雕漆龙凤宝盒、红雕漆桃式盒、红雕漆云龙宝盒、红雕漆多福宝盒、红雕漆海兽宝盒、红雕漆春寿宝盒、红雕漆蝉文宝奁、金漆罩盖匣等。这些赏赐给英吉利国王的漆物都是皇宫里极其珍贵的宝物，接受"恩赐"或已成为欧洲获取中国技术物的重要途径。

当然，除了上述贸易、宗教与朝贡交往中的中华技术物的传播之外，还有殖民交往[41]、战争交往以及其他交往形式中形成的相应传播路径。广泛的传播路径加速了中华技术物的全球传播速度，也为世界民众了解中国以及中国文化提供了媒介。

三、中华技术物的全球传播机理

就传播机理而言，在丝路贸易、宗教以及朝贡体系中的技术物传播规则或工作方式大致有三种：螺旋式传播、中介式传播与意向式传播。正是这三种传播机理的协同作用，使得中华技术物的全球传播得以实现。

1. 螺旋式传播

技术物传播并非直线形的，也没有绝对的传播起点与终点，而是呈现出螺旋式传播特点。这种传播机理显示，正在传播的技术物并非来自起点，而是从前技术物传播的一种延续。譬如正德五年（1510年），葡萄牙攻陷印度西岸之卧亚府（Goa），次年攻取马六甲（Malacca），遣使至印度、中国，进而打开了与中国通商之门。明朝正德九年（1514年），葡萄牙航海家科尔沙利抵达中国，葡萄牙人以澳门等地为贸易中转站，将大量中国漆器、瓷器运往日本、东南亚以及欧洲国家。葡萄牙人把澳门变为国际通商口岸，转手倒卖日本漆器。但中国陶瓷无法满足葡萄牙民众的日常消费，于是他们开始购买和使用欧洲的仿中国青花瓷，这些在里斯本仿制的冒牌"青花瓷"瓷器被称为"汉堡瓷"[42]。16—18世纪的菲律宾以及拉美的巴西、智利等国先后沦为西班牙、葡萄牙等欧洲国家的殖民地，而菲律宾与当时的中国本有"朝贡"关系，因此马尼拉就成为中国商品输往美洲、欧洲的中转站[43]。或者说，中国、马尼拉和欧美的"三角贸易"成为这个时期中国技术物传播的重要路径。据塞维利亚文献记载："马尼拉城是建造在马尼拉河的旁边，那时候，从中国来了3艘船，船上满载货物。"[44]沙丁等编著的《中国和拉丁美洲关系简史》介绍，1573年，"菲岛殖民当局开始向西班牙国王建议由墨西哥派商人来菲岛贸易……1574 年有两艘马尼拉帆船驶往墨西哥，船货中只有价值二三万比索的少量中国商品，包括绸缎 712 匹，棉布 11300 匹，瓷器 22300 件等[⑤]。从此，中国和拉美开始了以菲律宾马尼拉为中转站的丝路贸易。巴西历史学家弗朗西斯科·阿道夫·德瓦尔雅热认为，葡语"manjolo"（水磨）一词或许源于汉语"磨"，很有可能是葡萄牙殖民者布拉斯·库巴斯将传入葡萄牙的水磨带到巴西的[⑯]。另外，1503 年，养蚕技术从西班牙传入墨西哥伊斯帕尼奥拉岛[⑰]，墨西哥的丝织业也兴旺起来。从葡萄牙和西班牙的世界殖民活动看，中国技术物的传播机理呈现出螺旋式的结构特征。

2. 中介式传播

所谓中介式传播，是指中华技术物的传播机理呈现因"中转站"而成为"传播源"的特征。当代荷兰著名的技术哲学家彼得 - 保罗·维贝克（Peter-Paul Verbeek）指出，"中介成为事物的起源"[⑱]，而不是出于中间位置。在全球传播史上，东南亚、中亚等地都是中国技术物传播的中介源。据季羡林先生考证，在中亚撒马尔罕发生的"怛逻斯之役"（751 年）中，可能有一些精通造纸的中国工匠成了战俘，中国的造纸术进而传播至阿拉伯以及印度，直至传向全世界。实际上，欧洲、非洲也成为中国技术物传播的中介源。譬如18 世纪中叶，德国艺术家施托帕瓦塞尔（Jahann Heirich Stobwasser）在不伦瑞克成立了一家漆器厂，开始仿制生产上漆的鼻烟壶[⑲]。18 世纪初，德国人波特格尔（Johann Friedrich Böttger）和恰尔恩豪斯（Ehrenfried Walter von Tschirnhaus）在萨克森选帝侯腓特烈·奥古斯都一世（1670—1733 年）的资助下，仿制中国硬质瓷器获得成功[⑳]。大约在 3—7 世纪，中国的提花机传入埃及，从而推动了埃及丝织技术的发展[㉑]。

3. 意向式传播

在丝路技术物的流动与交往中，技术物传播是有意向性的。意向式传播是中华技术物传播的重要形式，这里所谓的"意向性"，即技术物传播的内在指向。因为技术物本身的价值功能与意义指向，它会意向性地朝向某一方向创造性地发展与传播。譬如埃及人在中国火器的基础上发明了分别用于野战、攻城和阵地战的特殊火器，经埃及人改良后的火器又相继传入埃塞俄比亚和摩洛哥等国[52]。据阿拉伯史料记载，1109 年以前，"造纸术从开罗传到斯加里野，再由此进入意大利。此外造纸术还从开罗沿地中海南岸在北非继续向西传播，并越过直布罗陀海峡进入西班牙。此后，'撒马尔罕纸'这个术语成了西方对汉式绵纸的正式称呼"[53]。在一定程度上可以说，技术物的意向为技术物传播提供了产生的条件，而后者则为前者凝聚资源，并渗透到前者的再生产与发展中。例如，明以后南方民间匠作景观的出现与其所蕴含的匠作技术文化与海外技术物的需求就有着千丝万缕的联系。

四、中华技术物的全球传播系统及其影响

技术通常是通过技术物来影响人与社会的。或者说，技术本身不能直接影响人与社会，物本身通过技术附加影响着人与社会的诸多方面，包括生活、伦理、精神和文明等。在丝路上，技术物的全球传播系统及其影响绝非单一的。这些系统和影响具体表现在生活、伦理、精神、文明等领域。换言之，丝路技术物的全球传播重构了全球的生活系统、伦理系统、技术系统和文明系统。

1. 技术物—生活系统

技术物是社会进步的标志物，但它首先是为生活服务系统的存在物。在丝路上，全球技术物的传播重构了全球的生活环境、生活情趣以及生活方式。

第一，技术物重构了生活环境。环境一般包括自然环境和人工环境等，在人工环境中，技术物在装饰、移置与改进空间方面发挥着重要作用。譬如"在墨西哥和利马等城市，许多人把中国瓷器当作装饰品摆设在客厅和餐厅里。1686 年，在葡属巴西的贝莱姆·达卡乔埃伊拉修道院的教堂钟楼上，也曾用中国瓷器作为装饰"[54]。这些来自中国的陶瓷技术物已然渗入西方家庭、教堂以及其他空间，进而重构当地人的生活空间，以至于能改变空间中的生活气氛。美国人房龙（Hendrik Willem Van Loon）在《房龙地理》一书中道出了其间的真谛："中国的绘画、雕塑、陶器和漆器很适合进入欧洲和美洲的家庭，但是印度的作品即使是放在博物馆里也会打破和谐，并且使人感到不舒服。"[55] 房龙的叙述确证了中国技术物在美国室内生活空间中

的使用起到了一种"和谐空间"及美化生活空间的作用。

第二，技术物重构了生活情趣[⑧]。技术物是生活情趣的一部分，生活的情趣离不开技术物的点缀或象征性的显示。房龙在《荷兰共和国的衰亡》中指出："凡希望别人把自己看作是对更高尚的生活有兴趣的人，都会去搜集贵重的书籍、瓷器、硬币、南美的蝴蝶或其他的什么，只要是罕见的和昂贵的。"[⑨]换言之，中国的技术物成为人们高尚情趣或格调的象征。或者说，丝路上的技术物重构了丝路沿线国家民众的生活情趣。当然，技术物不仅可以重构全球民众的日常生活情趣，还可以重构精神生活或宗教生活的情趣。譬如在萨瓦拉的一座圣母院内会看到中国技术物的风格，"小教堂的塔楼不仅与亚洲的宝塔形状相似，而且装饰其托座的图案具有明显的中国风格"[⑩]，小教堂的塔楼显示出丝路技术物传播的力量，即便是宗教生活也渗透着中国元素。

第三，技术物重构了生活方式。在丝路交往中，人们在获得技术物的同时，生活方式也随之改变，因为不同技术物的使用方式是不同的。在生活中，为了适应技术物的形状或高度，就必须适应技术物而改变生活方式。譬如汉唐人使用的平矮漆几传播到日本之后，直接影响了日本人盘腿而坐的生活习惯。另外，对使用技术物的选择，也会影响人们的生活方式。譬如中国的瓷器餐具改变了欧洲人的饮食习惯，进而重构了他们的生活方式；而指南针以及航海业的发展则形成了全球很多沿海地方的民众"以海为家"的生活方式。

2. 技术物—伦理系统

在丝路上，人们对技术物的使用与交换也是社会伦理的体现，技术物至少重构了人的象征系统、行为系统和秩序系统。

第一，技术物重构人的象征系统。在交换与交往过程中，技术物传播所承担的最重要的使命不仅在于技术物本身的使用功能或消费价值，还在于产出以及建构人与人之间的象征关系或想象学伦理。人与技术物的"象征关系"指向技术物使用者的身份象征、阶层象征或经济象征，因为技术物本身的"技术含量"是与财富、功能和经济状况相匹配的。"墨西哥的塞万提斯家族和科尔蒂纳公爵等，为了夸耀其门第的显赫和高贵，都曾派专人赴华定制成套的'纹章瓷'。他们在居室厅堂精心布置，摆设中国屏风、精雕漆柜、镂花硬木家具以及丝绸绣花台布和窗帘，墙上贴着中国的壁纸，并悬挂着中国的山水字画，造型优雅、高达一米多的大号中国瓷瓶，则摆在富丽堂皇的大客厅里，并备有各式中国瓷制餐具，非常引人注目地显示他们的财富和地位。"⁵⁹一切技术实践都被嵌入物质、步骤、关系的伦理或构架当中，或者是由这样的伦理或构架而建成，这是一张无缝之网，技术与社会伦理相互形塑、相互构造。

第二，技术物重构人的行为系统。在使用过程中，技术物本身是没有道德行为表征的，但它会指引或隐射行为者对技术使用的道德选项。抑或说，"技术物具有内在的道德性"⁶⁰。19世纪法国和日本宫廷的部分"保守派"就担心民众大量使用中国的漆器或瓷器会影响本国的白银输出，进而在这个"使用选项"上附加于民众的"道德"判断。伏尔泰说："这些（使用器物的）礼节可以在整个民族树立克制和正直的品行，使民风既庄重又文雅。"⁶¹这就是说，从技术物的使用也能反映出使用者的行为特征与个人品行。同时，人的行为的实践理性主要来自技术及技术物的支撑，没有技术与技术物的行为是无法获得实践理性的，譬如指南针技术的发明，对于丝路航海实践具有重大的"实践理性"的支撑作用。

第三，技术物重构秩序系统。一切社会都有相应的技术，都有一定技术含量的技术物，它们被用于生产、生活、交往、敬奉、征战或贸易。技术物对于构建生活伦理秩序是相当重要的，如伏尔泰对中国"文雅风尚"的技术物就怀有敬意，他说："跟他们一道在北京生活，浸润在他们的文雅风尚和温和法律的气氛中。"⁶²显然，伏尔泰看到了技术物在建构生活空间与社会秩序上的功能。在这个意义上，技术物所承担的功能还在于产生与建构人与人之间的秩序关系。孟德斯鸠在《论法的精神》中指出："从最广泛的意义上讲，法是从事物的性质中产生出来的必然的关系。"⁶³尽管孟德斯鸠对中国文化完全持有"他者"利益视角或否定的立场，但对通过丝路传入技术物之法或"礼仪"给法国民众带来的秩序是肯定的。孟德斯鸠的"法是从事物的性质中产生"的理论在中国先秦法家思想那里能得到印证。先秦法家思想就是从先秦技术物的"模""范""规矩"等工匠理论中得到启示，并产生了"法"的思想。技术物对于先秦法家思想具有重要的建构意义，也通过传播间接影响了其他国家和地区对"法"的认识。

3. 技术物—精神系统

技术物的文化内涵与艺术气息直接重构了使用者的时空精神、艺术感知和审美修养。因此，技术物重构了精神天赋、艺术气质和精神美学。

第一，技术物重塑了精神天赋。在丝路技术物的交往中，人们对技术物的选择、使用和贸易总是伴随着精神文明的发展而变换的。或者说，技术物在对精神需求的满足中也重塑了精神本身。在一定程度上，技术物能改变使用者的生活时间轨迹和空间范围选择，并重塑或发现使用者的精神天赋。艾黎·福尔指出："德国的工匠曾经接受过法国泥瓦匠与画匠的教导，对荷兰画家的技巧张目结舌，对意大利的素描画家和湿壁画家佩服得五体投地。几乎在佛兰德与意大利确定了自己的品质与意愿时，德国才逐渐开始意识到本民族的天赋和需要。"[64] 这说明丝路上流动的技术物是激发他者精神天赋的媒介。

第二，技术物重塑了艺术气质。在丝路技术物的交往中，技术物的艺术价值被不断地"发现"或"再发现"。18 世纪的英国，漆艺产业进入发展的鼎盛时期。英国人托马斯·阿尔古德和其子爱德华、伯明翰人约翰·泰勒和约翰·巴斯泰克维勒、丹尼尔·米尔斯等均是英国著名的漆器制作高手。1680 年，英国的家具商开始仿造中国的漆艺，大量生产漆艺家具。"帕特里克·赫伦（1920—1999 年）是一位英国抽象画家，他最初是在父亲的丝绸披肩工厂……担任首席织物设计师，他接受委托所做的设计图形包括甜瓜、彼岸花和阿兹台克人，它们都是直接印刷在丝绸上的，这对他日后在画布上的抽象绘画风格有着极大的影响。"[65] 可见，丝路上流动的技术物创生了他者的艺术气质与禀赋。

第三，技术物重塑了精神美学。在丝路技术物交往中，技术美学的传播也在不断持续与演绎。17 世纪末期到 18 世纪，英国家具设计师汤姆·齐平特（Tom Chippendale）采用中国福建漆仿髹漆家具，开创了具有中国美学特色的"齐平特时代"。一直到 20 世纪二三十年代欧美"装饰艺术运动"兴起之时，中国漆艺的装饰美学思想还在深刻影响着西方，如让·杜南（Jean Dunand，1877—1942 年）酷爱采用中国漆艺装饰邮轮"诺曼底号"，并大量使用漆绘屏风。换言之，丝路上流动的技术物重塑了他者的精神美学品质，也激发了他者美学思想的创生。

4. 技术物—文明系统

技术物重构了生活、伦理和精神系统之后，对人与社会的文明重构作用就越发凸显出来了。因此，既要认识到技术物的生活性、伦理性和精神性，又要看到技术物的社会性以及文明性。一切社会都有技术，都有带技能含量的技术实践和技术物品，它们被用于经济生产，也被用来实施制度或政治管理。

第一，技术物重构经济文明系统。在丝路技术物的传播中，技术物对沿线国家经济文明建设的重构力量是明显的。譬如在丝路贸易体系下，"墨西哥银元得到了广泛的流通，并一度成为我国通行的银币。这大大促进了我国商品货币关系的发展，直接推动了我国由使用银两到使用银元的币制改革，对我国商品经济的扩大起了积极的作用"[⑥]。显然，技术物对商品经济发展的影响是深远的。16世纪早期，中国养蚕技术从西班牙传入墨西哥中南部地区，墨西哥丝织业的繁荣引起了西班牙人的不满。"西班牙为保护本国的丝织业，并使西属美洲在经济、政治上处于依附地位，便对墨西哥新兴的丝织业采取了遏制政策。"[⑦]这说明技术物的传播也会对经济发展起到负面作用。

第二，技术物重构制度文明系统。在丝路技术物的传播过程中，技术物带来的一系列生活、伦理、技术、精神、经济的重构力量，汇集到"交往制度"上，自然就产生了对制度文明的重构，因为一切丝路交往或文化传播都是在特定的制度下进行的。培根说，中国的火药改变了世界一切状态，包括西方"骑士阶层"的制度文明体系。马克思说："火药、指南针、印刷术——这是预告资产阶级社会到来的三大发明。火药把骑士阶层炸得粉碎，指南针打开了世界市场并建立了殖民地，而印刷术则变成新教的工具。"[⑧]马克思既评价了中国技术物对世界的贡献，又指出了一个更加深刻的问题——"技术物生产"和"制度文明"以及"世界交往"的关系。

第三，技术物重构政治文明系统。技术物不仅作用于经济文明和制度文明，还对政治文明产生了深远影响。在近代中国，西方的"坚船利炮"同样影响并重构了中国的政治文明体系。波斯第二帝国（即萨珊波斯帝国，224—651）时期，"工匠"已然成为社会结构中的一个独立政治集团。"随着长期的迁徙、征战和最后转入农耕，萨珊社会逐渐形成了三个比较固定的职业集团：祭司、武士和农牧民。之后又分化出第四个职业集团——工匠。"[⑨]

雅克·布罗斯在《发现中国》中这样描述道："他们（英国人）与中国的贸易逐渐变得对他们成为一种生死攸关之必要了。他们不再仅仅是为了寻求丝绸、瓷器和漆器了，尽管随着18世纪之豪华风气的发展，使这些商品的需求也大幅度地增加了。"⑩这句话暗示了英国向东方的殖民扩张已经从传统的经济贸易转向更深层次的政治领域。

第四，技术物重构宗教文明系统。在丝路贸易中，中华技术物对西方宗教的影响也是显而易见的。譬如伊丽莎白·爱森斯坦（Elizabeth L. Eisenstein）认为，古登堡的印刷机技术为欧洲的宗教改革铺平了道路⑪。麦克卢汉在《谷登堡星汉璀璨》（ *The Gutenberg Galaxy* ）一书中论及"技术—宗教命题"时，就主张技术物对宗教的重构价值。技术物对宗教的重构还表现在宗教建筑、佛像、法器、服饰等方面，譬如中国的髹漆技术对佛像制作产生了影响，中国的建筑技术也影响了日本佛教建筑设计，印度佛教建筑技术对中国建筑的影响也是比较明显的。

在全球史视角下，流动的中华技术物作为丝路贸易的对象，已然成为全球技术景观中的独特文化现象。在全球传播过程中，中华技术物实现了从"技术物的传播"到"文明物的传播"的演变，创生了跨国家、跨地区和跨民族的崭新的技术景观与技术文化，展示了中华技术物的全球传播功能与侨易价值，凸显了中华技术物在全球身份认同、社会政治秩序以及精神文明等方面的作用。通过研究，至少还能得出以下几点启示：第一，当今社会，缺乏的不是不断引发社会变革的后现代"革新技术物"，而是需要珍惜那些濒临失传的手工技术物，它们在促进全球文化交往、社会再生产和维护社会情感稳定方面曾发挥过重要作用，也仍将继续发挥作用。第二，技术物的革新与创造是社会进步的核心动力，社会进步最终要体现在制度文明上，而技术物本身对于制度文明具有间接影响，技术物的不断进步与革新促使社会制度文明的相伴而生和实时调适。第三，作为传播媒介的丝路技术物，对于全球民族身份认同、文明价值观的表达以及社会伦理和精神道德的重塑发挥着特定的功能与价值，当代"一带一路"的技术物传播是全球化交往的需要，对于全球经济、制度与文明的水平提升具有深远影响。

注　释

① 苏联学者库津在《马克思与技术问题》中围绕"物质生产""机器生产""共产主义与技术""技术与社会意识""技术发展"等五大专题展开了对马克思"历史唯物主义技术观"的系统梳理与研究。参见 A. A. 库津：《马克思与技术问题》，蒋洪举译，《科学史译丛》1980 年第 1、2 辑，1981 年第 1 辑。

② （苏）C.M.格里哥里扬：《马克思〈1861—1863 年经济学手稿〉中关于技术进步问题的论述》，见《马克思主义研究资料（第6卷）:〈1861—1863 年经济学手稿〉研究》，北京：中央编译出版社，2014 年。

③ 就概念类型而言，技术物一般可以分为匠作技术物、机械技术物和虚拟技术物三大类。所谓"匠作技术物"，即狭义上的或传统意义上的以工匠为主导的手作技术物。或者说，狭义上的"技术物"就是指"手工艺技术物"。机械技术物是以机器生产为主导的工业化的技术物，虚拟技术物是计算机环境下的非实体化的技术物。可见，"技术物"的概念内涵在历时性（前现代工匠社会、现代工业社会和后现代虚拟社会）上不断地演变，具有明显的发展性和时代性特征。参考 1981 年汉斯 - 彼得·米勒编辑出版的《卡尔·马克思：工艺—历史摘录笔记（历史考证版）》、1982 年赖纳·温克尔曼编辑出版的《卡尔·马克思：关于分工、机器和工业的摘录笔记（历史考证版）》，参见张福公：《国外学界关于马克思工艺学思想研究的历史与现状——基于文献史、思想史的考察》，《教学与研究》2018 年第 2 期。

④ 尽管狭义上的"技术物"是区别于自然物和机械物的概念，但"技术物"本身具有包括自然性在内的丰富内涵。或者说，"技术物"已然不是单纯自然的"物的存在"，而是一个外延宽广的手工技术范式。譬如"中华技术物"的概念内涵显示出中国古代工匠技术物的生活系统、情感系统以及社会系统多层面的技术景观或技术文明，它已经是构成中国古代社会的一部分。

⑤ ［加］麦克卢汉：《理解媒介：论人的延伸》，何道宽译，南京：译林出版社，2011 年。

⑥ 潘天波：《"技术—人文问题"在先秦：控制与偏向》，《宁夏社会科学》2019 年第 3 期。

⑦ 程海东、贾璐萌：《道德物化——技术物道德"调解"解析》，《道德与文明》2014 年第 6 期；刘铮：《技术物是道德行动者吗？——维贝克"技术道德化"思想及其内在困境》，《东北大学学报（社会科学版）》2017 年第 3 期。

⑧ 朱勤：《技术中介理论：一种现象学的技术伦理学思路》，《科学技术哲学研究》2010 年第 1 期。

⑨ 盛国荣：《技术物：思考消费社会中技术和技术问题的出发点——鲍德里亚早期技术哲学思想研究》，《科学技术哲学研究》2010 年第 5 期。

⑩ 王玉喜、韩仲秋：《格物致知：中国传统科技》，济南：山东大学出版社，2017 年，第 214 页。

⑪〔美〕理查德·桑内特：《新资本主义的文化》，李继宏译，上海：上海译文出版社，2010 年，第 63 页。

⑫ 谢小华、刘若芳：《乾隆年间法国代制得胜图铜版画史料》，《历史档案》2002 年第 1 期。

⑬ 谢小华：《乾隆皇帝请法国刻制铜版画》，《北京档案》2004 年第 10 期。

⑭ 王冠宇：《葡萄牙旧圣克拉拉修道院遗址出土十六世纪中国瓷器》，《考古与文物》2016 年第 6 期。

⑮ 张云：《上古西藏与波斯文明》，北京：中国藏学出版社，2005 年，第 296 页。

⑯ 张云：《上古西藏与波斯文明》，北京：中国藏学出版社，2005 年，第 60 页。

⑰ 童恩正：《古代中国南方与印度交通的考古学研究》，《考古》1999 年第 4 期。

⑱ 陈文平：《唐五代中国陶瓷外销日本的考察》，《上海大学学报（社会科学版）》1998 年第 6 期。

⑲ 主要分布在 1 都 1 府 18 个县（福岛、群马、千叶、埼玉、东京、神奈川、长野、石川、三重、滋贺、奈良、京都、大阪、和歌山、兵库、冈山、广岛、岛根、福冈、大分）。参见王维坤：《中国唐三彩与日本出土的唐三彩研究综述》，《考古》1992 年第 12 期。

⑳ 陈文平：《唐五代中国陶瓷外销日本的考察》，《上海大学学报（社会科学版）》1998 年第 6 期。

㉑ 吕成龙：《日本所定国宝中的中国瓷器》，《故宫博物院院刊》2003 年第 1 期。

㉒ 秦大树：《中国古代陶瓷外销的第一个高峰——9—10 世纪陶瓷外销的规模和特点》，《故宫博物院院刊》2013 年第 5 期。

㉓ 朱凡：《中国文物在非洲的发现》，《西亚非洲》1986 年第 4 期。

㉔ 关于两遗址的发掘情况，参见秦大树、丁雨、戴柔星：《2010 年度北京大学肯尼亚考古及主要收获》，《中国非洲研究评论（2012）》，北京：社会科学文献出版社，2013 年，第 247—273 页；丁雨：《肯尼亚滨海省马林迪老城遗址的初步研究》，《南方文物》2014 年第 4 期；秦大树、丁雨、刘未：《2012 年度中国和肯尼亚陆上合作考古项目取得阶段性成果》，《中国文物报》2013 年 4 月 26 日第 8 版。

㉕ 朱凡：《中国文物在非洲的发现》，《西亚非洲》1986 年第 4 期。

㉖ 郭学雷：《"南澳 I 号"沉船的年代、航路及性质》，《考古与文物》2016 年第 6 期。

㉗ 沙丁等：《中国和拉丁美洲关系简史》，郑州：河南人民出版社，1986 年，第 27 页。

㉘ 沙丁等：《中国和拉丁美洲关系简史》，郑州：河南人民出版社，1986 年，第 28—29 页。

㉙ ［荷］C. J. A. 约尔格：《荷兰东印度公司对华贸易》，中外关系史学会编：《中外关系史译丛》（第 3 辑），上海：上海译文出版社，1986 年，第 307 页。

㉚ Francois Bellec, *La genereuse et tragique expedition Laperouse*, Rennes：Ouest-France, 1985；John Dunmore, *La Perouse, Explorateur du Pacifique*, Paris：Payot, 1986；Catherine Gaziello, *L'expedition de Laperouse, 1785—1788: Republique francaise aux voyages de Cook*, Paris：C.T.H.S, 2004.

㉛ 卡洛琳·弗兰克认为，中美贸易开始于独立战争后。

㉜ ［美］赖德烈：《早期中美关系史（1784—1844）》，陈郁译，北京：商务印书馆，1963 年，第 10 页。

㉝ R.B.Haas and C.L.Grossman, "The China Trade：Export Paintings, Furniture, Silver&Other Objects", *The American Historical Review*, Vol.9,

No.3，1974.

㉞ 全书共分为两卷（第 1 卷共分 3 册 44 章，第 2 卷 3 篇旅行记），内容包罗万象，共记载 28 类，几乎囊括了中国历史文化，其中涉及中国工匠文化的有建筑、庙宇、园林、服饰、瓷器制作、造纸、印刷术、毛笔、丝绸、床单、金银币、宝石、徽章、制炮、造船（战船、驳船、浅水船、内河巡逻船）、生漆等。

㉟ 韩琦、吴旻校注：《熙朝崇正集·熙朝定案（外三种）》，北京：中华书局，2006 年，第 422 页。

㊱ "马国贤在康熙朝的十三年虽然过得并不顺心，但他以其风景画作品和铜版画制作工艺获得了康熙皇帝的眷顾，还曾亲自为康熙画像。……此外，心思灵巧的马国贤还精于制作各种西式器物，仿效利玛窦为万历进献西洋钟且专司钟表维修，马国贤也亲自动手，在清廷造了些西洋钟表。康熙五十二年（1713），他又根据中国画家承德避暑山庄三十六景的原作，在中国版画家已经做出木版画之后，创制了《御制避暑山庄图咏三十六景》（又名《热河三十六景图》）的铜版画，让康熙帝赞不绝口。"参见张西平：《中外文学交流史》（中国—意大利卷），济南：山东教育出版社，2015 年，第 158 页。

㊲ "1724 年 9 月 12 日伦敦《每日邮报》为此特别作了报道：'有一些中国贵族抵达我们国家，立即被英王召见，遭受空前未有的礼遇。'同时，马国贤还受到了英国伯林顿勋爵非常友好的接待，伯林顿勋爵获得了马国贤的一批雕版画。"参见李晓丹、王其亨：《清康熙年间意大利传教士马国贤及避暑山庄铜版画》，《故宫博物院院刊》2006 年第 3 期。

㊳ Arthur O.Lovejoy, "The Chinese Origin of a Romanticism", *Journal of English&Germanic Philology*, Vol.32, No.1, 1933, pp.1-20.

㊴ （清）魏源，李巨澜评注：《海国图志》，郑州：中州古籍出版社，1999 年，第 293—294 页。

㊵ 中国第一历史档案馆编：《英使马戛尔尼访华档案史料汇编》，北京：国际文化出版公司，1996 年，第 64—67 页。

㊶ C.Bridenbaugh, *The Colonial Craftsman*, New York：New York University Press, 1950.

㊷ 金国平、吴志良：《流散于葡萄牙的中国明清瓷器》，《故宫博物

院院刊》2006年第3期。

㊸ 沙丁等：《中国和拉丁美洲关系简史》，郑州：河南人民出版社，1986年，第107页。

㊹ 菲律乔治：《西班牙与漳州之初期通商》，《南洋资料译丛》1957年第4期，薛澄清译自《自由评论》第19卷，第4期。

㊺ 沙丁等：《中国和拉丁美洲关系简史》，郑州：河南人民出版社，1986年，第56页。

㊻ 张宝宇：《中国文化传入巴西及遗存述略》，《拉丁美洲研究》2006年第5期。

㊼ 沙丁等：《中国和拉丁美洲关系简史》，郑州：河南人民出版社，1986年，第92页。

㊽ Peter-Paul Verbeek, "Expanding Mediation Theory," *Foundations of Science*, Vol.17, No.4, 2012, pp.391-395.

㊾ 刘迎胜：《丝路文化》（海上卷），杭州：浙江人民出版社，1995年，第298—299页。

㊿ 张国刚：《胡天汉月映西洋——丝路沧桑三千年》，北京：生活·读书·新知三联书店，2019年，第291页。

(51) 夏鼐：《新疆新发现的古代丝织品——绮、绵和刺绣》，《考古学报》1963年第1期。

(52) 金玉国：《世界战术史》，北京：解放军出版社，2012年，第122页。

(53) 刘迎胜：《话说丝绸之路》，合肥：安徽人民出版社，2017年，第47页。

(54) 沙丁等：《中国和拉丁美洲关系简史》，郑州：河南人民出版社，1986年，第69页。

(55) ［美］房龙：《房龙地理》（下），杨禾编译，北京：金盾出版社，2014年，第72页。

(56) ［德］利奇温：《十八世纪中国与欧洲文化的接触》，朱杰勤译，北京：商务印书馆，1962年，第13页。

(57) ［美］房龙：《荷兰共和国的衰亡》，朱子仪译，北京：北京出版社，2001年，第77页。

(58) 刘文龙：《拉丁美洲文化概论》，上海：复旦大学出版社，1996年，第 45 页。

(59) 沙丁等：《中国和拉丁美洲关系简史》，郑州：河南人民出版社，1986 年，第 111 页。

(60) Peter-Paul Verbeek，“Materializing Morality：Design Ethics and Technological Mediation”, *Science Technology&Human Values*，Vol.3，2006，p.367.

(61) ［法］伏尔泰：《风俗论》（上册），梁守锵译，北京：商务印书馆，1994 年，第 250 页。

(62) ［法］伏尔泰：《哲学辞典》，王燕生译，北京：商务印书馆，1991 年，第 165 页。

(63) ［法］孟德斯鸠：《论法的精神》，许家星译，北京：中国社会科学出版社，2000 年，第 1 页。

(64) ［法］艾黎·福尔：《世界艺术史》（上），张泽乾、张延风译，武汉：长江文艺出版社，2004 年，第 482 页。

(65) ［英］皮亚塞纳·山姆、菲利普·贝弗利：《创意绘画的 65 个秘密》，韩子仲译，上海：上海人民美术出版社，2016 年，第 112 页。

(66) 沙丁等：《中国和拉丁美洲关系简史》，郑州：河南人民出版社，1986 年，第 90 页。

(67) 沙丁等：《中国和拉丁美洲关系简史》，郑州：河南人民出版社，1986 年，第 92 页。

(68) ［德］马克思：《经济学手稿：1861—1863》，《马克思恩格斯全集》（第 47 卷），北京：人民出版社，1979 年，第 427 页。

(69) 亓佩成：《古代西亚文明》，济南：山东大学出版社，2016 年，第 532 页。

(70) ［法］雅克·布罗斯：《发现中国》，耿昇译，济南：山东画报出版社，2002 年，第 92—93 页。

(71) ［德］伊丽莎白·爱森斯坦：《作为变革动因的印刷机：早期近代欧洲的传播与文化变革》，何道宽译，北京：北京大学出版社，2010 年。

在知识社会学视野里，《髹饰录》既是明代社会复古装饰思潮、宫廷美学思想与南方商品经济发展的产物，又是市民阶层文化消费、抵制理学与注重实证科学的征候。作品中诸多审美范畴被明代及后世消费文学频繁援引，其髹饰风格成为巴洛克风格或洛可可风格之源。它被发现或未被阐释的知识俨然成为明代社会的"转述者"。

明代隆庆年间，安徽新安平沙人黄成精通髹漆，著有我国古代唯一一部奢华的髹饰知识文本——《髹饰录》①。全书分乾、坤两集，共 18 章，正文 220 条。《乾集》主要阐释制造方法、原料、工具及漆工禁忌等内容，《坤集》侧重阐释漆器分类及品种形态等。《髹饰录》是我国一部漆工艺专业知识文本，为古代漆器的定名、分类、技法以及漆工操守、规范提供了可靠的知识范式。它的问世打破了我国古代漆艺知识潜藏于叙事知识的历史，开启了我国古代漆艺知识独立叙事的新纪元。

任何知识的诞生，必有其生成、发展与传播的社会土壤与空气，并非无缘无故降临于世间。当知识遭遇"我们"的时刻，抑或说，当我们对知识本性反思的时刻，就会引起一系列耐人寻味的知识社会学问题。所谓"知识社会学"，是一门晚近的知识认识论学科，"就理论而言，它研究知识与存在的关系；就史学社会学而言，它要研究人类理智发展过程中追踪那种关系所取的各种方式"②。简言之，前者研究知识存在论，后者研究知识社会性论。所谓"知识存在论"就是研究知识与存在之间的哲学问题，或知识存在是什么，或知识如何存在；所谓"知识社会性论"是指研究知识在社会中的基本特性，或知识作为一个独立个体在整个社会中所表现出的有利于集体和社会发展的特性。对《髹饰录》的知识社会学研究或许只是在明代肌体上轻轻划开的"一道裂口"，但足以通过这道裂口窥探其血型、肌肉、心率以及肌体的各种生命迹象与活力。因为一种新出现的知识形态必然是特定社会的商品经济、审美群体、文化情境以及时代精神的写照。晚明漆艺著作《髹饰录》作为一部奢华髹饰学知识文本，它的背后隐喻着一部全域式的经济与制度、技术与文化、消费与审美以及意识形态与工艺哲学方面的知识社会学。

一、《髹饰录》：明代社会的"转述者"

在知识社会学视野中，漆艺作为工艺文化知识，特别能昭示特定社会里消费群体的审美意识、生活话语场域、哲学意识形态以及民族文化心理。反之，特定社会的历史动因与生活境遇又能培育出特定的消费群体、消费对象与消费文化，或直接影响一种新知识形态及其文本的产生和发展。作为漆工艺新知识形态的《髹饰录》，几乎是一部明代社会文化的"转述者"。

首先，《髹饰录》是明代复古思想与装饰主义风格兴起的产物。《明史·儒林传》（卷282）载："原夫明初诸儒，皆朱子门人之支流余裔，师承有自，矩矱秩然。"③ 以朱学复旧制、正纲纪的明初，程朱理学的国家统治地位逐渐形成，但随着明太祖"诏复唐制"思想的逐渐深入以及国力强盛，明代文人的宗汉崇唐、复古臻雅之思想开始活跃。在器物制造上，汉唐"错彩镂金"的繁缛奢侈装饰之风在社会上风行。2011年陕西高陵县泾河工业园附近发现一座明代万历年间秦藩王府知印张栋家族墓，其中张麟趾（张栋的长子）墓棺盖髹绘有荷花、莲蓬、荷叶、水草之"荷塘图"，棺一侧还彩髹着牡丹花。这件描金彩绘漆棺足见明代朝廷崇奢靡、尚装饰的审美风尚。《遵生八笺》之"怡养动用事具"条解"二宜床"曰："以布漆画梅，或葱粉洒金亦可。"④ 在明代，有很多文献记载或援引当时精于装饰的漆器制造，它们记录了朝廷"靡然向奢"的消费风尚以及繁缛的工艺装饰盛况。

其次，晚明城市新经济的兴起与繁荣，市民阶层的知识消费呼唤《髹饰录》出场。进入宋代以后，唐以来"百千家似围棋局，十二街如种菜畦"的城市格局不复存在，城市中可以开店设铺，商人与手工业者成为城市中最活跃的分子。明代城市格局被商业化新经济形式打破之后，市民阶层的审美思想日益膨胀，无论是新的市民阶层，还是统治阶级与贵族，他们都希望得到至美髹漆的知识消费。奢华的漆器不仅能满足新兴城市市民阶层的审美消费需求，也能满足统治阶层奢靡的物质消费与文化消费的需求。《髹饰录》用文本的形式呈现出这种新知识的呼唤，或者说市民阶层对新知识的需求被《髹饰录》率先证实。

再次，《髹饰录》是明代宫廷美学思想以及南方商品经济发展的产物。明代南方商品经济十分活跃，新兴地主阶层或贵族阶层扩大，他们的文化消费观念与审美观念亦随之发生变化，对奢华漆器的需求激增。为了满足朝廷贵族的漆器消费，明代专设御用官办漆器生产机构，由宫廷内官监下设"油漆作"，另由内府供用库专设储生漆的丁字库。永乐十九年（1421），朱棣迁都北京后，设果园厂为御用漆作，在果园厂效力的漆工多为名匠，如当时的髹漆大师张成之子张德刚就曾效力于官办果园厂。两淮盐政亦设漆作，承制宫廷各种器皿、家具等。民间漆工坊也异军突起，北京名匠杨埙"师夷（日本）之长技"，时称"杨倭漆"。《智囊》载："时有艺人杨暄亦作埙者，善倭漆画器。"⑤ 官僚严嵩家蓄养漆艺名匠周翥专制漆器，以供家用。据《广陵区志》载，扬州用漆器命名的街巷有"漆货巷""罗甸（螺钿）巷""大描金巷"等⑥。扬州漆匠周翥以制"百宝嵌"成名，清人谢坤《春草堂集》曰："（扬州）又有周翥，以漆制屏柜、几案，纯用八（百）宝镶嵌，人物、花鸟颇有精致。"⑦《履园丛话》载："周制之法，惟扬州有之。"⑧ 周制漆器亦远超"倭漆"。明代江南物质文化高度发达，为髹漆生产与消费奠定了基础。《五杂俎》云："富室之称雄者，江南推新安，江北则推山右。"⑨ 在地方商品经济与朝廷奢侈美学消费共同作用下，《髹饰学》奢华知识因此走向公众。

最后，《髹饰录》鲜活的工艺知识谱系也是新市民阶层反抗理学、重实证的产物。《髹饰录》采用自然宇宙的运行模式书写，凭借日月星辰、春夏秋冬、山河湖海等自然伦序比附漆艺知识。譬如以"日辉"比拟"金"，以"月照"比拟"银"，以"电掣"比拟"锉刀"，以"露清"比拟"桐油"，等等。《髹饰录》的知识叙事暗示了漆艺之美是宇宙之美的化身。《髹饰录》既继承了程朱理学"格物"而后"致知"的宇宙理论，又超越了程朱理学"存天理灭人欲"的思想滞瘤，呈现出一种天人合一的新型哲学观。譬如《髹饰录》之"楷法第二"论述漆艺的"二戒""三病"与"四失"，显示出市民阶层对晚明抽象理学知识形态的一种抗争，这些思想可谓晚明社会的一个"新潮"。在明代以来大兴"文字狱"的社会环境里，《髹饰录》知识叙事的"天理"性与身体漆器的"人欲"性之间的"矛盾"是明显的，然《髹饰录》并未因此而讳言，却直指"淫巧荡心""文彩不适"等漆器髹饰之通病。

二、《髹饰录》：世界性话语场域

从知识传播视角分析，《髹饰录》中的"戒""适""巧""病"等诸多审美范式成为明代以及后世文学与艺术中最为频繁的援引。《髹饰录》"楷法第二"部分提出了"二戒""三法""三病""四失"等漆工技术规范与操守，其核心范式有"法、中、巧、传、贯、适"等。这些范式既是中国古代艺术的经典话语，也是明代及其后世的艺术话语。拿"三病"之"巧"来说，它是中国古代手工艺中重要的审美范式。《考工记》曰："天有时，地有气，材有美，工有巧，合此四者，然后可以为良。"[⑩]"三病"中用"独巧不传"与"巧趣不惯"对古代工匠的观念与创造提出批评。"巧"在明代及后世文艺中常常被援引，《园冶》之《兴造论》曰："园林巧于因借，精在体宜……斯所谓'巧而得体'者也。"[⑪]这里"巧于因借""巧而得体"之"巧"，旨在强调造园设计要尊重天地，做到"天人合一"，实现空间结构与人生境界的"合宜"。除了以上"天巧"之外，"二戒"还重视"人巧"，反对"行滥夺目"之"淫巧"。《天工开物》之《结花木》篇对此援引曰："凡工匠结花本者，心计最精巧。……天孙机杼，人巧备矣。"[⑫]《髹饰录》的知识叙事范式成为明代及后世消费文学援引的对象。同时，黄成的唯物主义"道器观"并非孤立的，他的髹漆思想在思想家王夫之那里也能得到呼应。王夫之在《周易外传》中认为："治器者则谓之道，道得则谓之德，器成则谓之行，器用之广则谓之变通，器效之著则谓之事业。"[⑬]可以看出，王夫之的"治器""治道"与"人德"是一体的，他肯定了"器用"与"器效"。如果说王夫之的"道寓于器以起用"的道器观是理论上的阐释，那么黄成《髹饰录》中的道器观则是行动上的践行。

从跨文化视角看，《髹饰录》繁缛的漆艺装饰所表现出来的"中国风"对"洛可可风格"产生了世界性影响。据《大不列颠百科全书》之"Chinoiserie"词条，所谓"中国风格"，即"指17—18世纪流行于室内、家具、陶瓷、纺织品、园林设计领域的一种西方风格，是欧洲对中国风格的想象性诠释。中国风格大多与巴洛克风格或洛可可风格融合在一起，其特征是大面积的贴金与髹漆"[⑭]。17—18世纪，通过海上贸易或传教士等途径，"中国的漆器也与瓷器同时涌入了欧洲，在路易十四时代，漆器仍被视作一种奢侈品"[⑮]。英国人赫德逊十分形象地指出："中国艺术在欧洲的影响成为一股潮流，骤然涌来，又骤然退去，洪流所至足以使洛可可风格这艘狂幻的巨船直入欧洲情趣内港。"[⑯]从繁缛、奢华、精巧的洛可可艺术中，可以看出中国17世纪明代的漆器装饰风格，正如美国托马斯·芒罗所说，"洛可可艺术"乃是"中国风格的法国艺术品"⑰。路易十五的情人蓬巴杜夫人对中国的漆器家具与日用品情有独钟，当时罗伯特·马丁为她设计的家具多援引中国漆艺装饰的风格。德国人利奇温也说过："开始由于中国的陶瓷、丝织品、漆器及其他许多贵重物的输入，引起了欧洲广大群众的注意、好奇心与赞赏。"⑱由于法国宫廷对漆艺美学的追求，17世纪法国漆业一直处于欧洲首位，中国漆艺文化很快在欧洲传播，德国、英国、美国等欧美国家的"中国风"亦狂飙突进。一直到20世纪二三十年代欧美的"装饰艺术运动"兴起之时，中国的漆艺装饰思想还在深刻影响着西方，如让·杜南（Jean Dunand）采用埃及等古典艺术以及中国的漆艺装饰绘画，邮轮"诺曼底"号的装饰也大量使用了漆器屏风。16世纪以来的欧洲装饰史暗示：中国美学思想的输出凭借的并非《髹饰录》这样的知识文本，而是依赖从中国输出的漆器，而深刻地影响了西方的审美思想与艺术风格。

三、社会学镜像

在知识社会学视野中，《髹饰录》作为新知识形态的出现反映了明代社会的审美群体、文化情境与时代精神，昭示了明代及其世界性的商业话语场域、哲学意识形态以及审美文化心理等。反之，晚明社会情景又培育了它的消费群体、消费对象与消费文化，抑或直接促成了《髹饰录》知识文本的问世。《髹饰录》中知识社会学思想的阐释性价值不仅在于它本身，还在于发现了它跨文化的知识语用学功能。《髹饰录》引领我们向知识的社会学迈进，作为晚明的一部漆工艺知识文本，它被发现的或未被阐释的奢华知识已然成为明代社会的"转述者"；它所传递的知识语用学无须更多的合法证据，亦能表现出一种被信任和被理解的世界性知识的存在与价值隐喻。

注　释

① （明）黄成著，（明）杨明注，王世襄编：《髹饰录》，北京：中国人民大学出版社，2004 年。

② ［德］孟汉：《知识社会学》，李安宅译，北京：中华书局，1932 年，第 1 页。

③ （清）张廷玉等撰，中华书局编辑部点校：《明史》，北京：中华书局，1974 年，第 7222 页。

④ （明）高濂著，王大淳点校：《遵生八笺》，杭州：浙江古籍出版社，2015 年，第 410 页。

⑤ （明）冯梦龙辑，缪咏禾、胡慧斌校点：《冯梦龙全集·智囊》，南京：江苏古籍出版社，1993 年，第 379 页。

⑥ 扬州市广陵区地方志编纂委员会编：《广陵区志》，北京：中华书局，1993 年，第 749 页。

⑦ 《清代诗文集汇编》编纂委员会编：《清代诗文集汇编·春草堂集》，上海：上海古籍出版社，2010 年。

⑧ （清）钱泳：《履园丛话》，北京：中华书局，1979 年，第 322 页。

⑨ 安徽省地方志编纂委员会：《皖志述略》(下)，合肥：安徽省地方志编纂委员会出版，1983 年，第 598 页。

⑩ （清）戴震：《考工记图》，北京：商务印书馆，1955 年，第 10 页。

⑪ （明）计成著，陈植注释：《园冶注释》（第 2 版），北京：中国建筑工业出版社，1988 年，第 41 页。

⑫ （明）宋应星著，潘吉星译注：《天工开物译注》，上海：上海古籍出版社，2008 年，第 103 页。

⑬ （清）王夫之：《周易外传》，北京：中华书局，1977 年，第 203 页。

⑭ 袁宣萍：《十七至十八世纪欧洲的中国风设计》，北京：文物出版社，2006 年，第 4 页。

⑮ ［法］安田朴：《中国文化西传欧洲史》，耿昇译，北京：商务印书馆，2000 年，第 524 页。

⑯ ［英］赫德逊：《欧洲与中国》，李申、王遵仲等译，北京：中华书局，2004 年，第 229 页。

⑰［美］托马斯·芒罗:《东方美学》,欧建平译,北京:中国人民大学出版社,1990年,第6页。

⑱［德］利奇温:《十八世纪中国与欧洲文化的接触》,朱杰勤译,北京:商务印书馆,1962年,第13页。

第十一章

-

帮闲风雅
——《闲情偶寄》
的奢华技术物
叙事

在知识社会学维度上，《闲情偶寄》彰显出一股社会新气息，它不仅是明末清初社会崇真尚实的民主思想、市民阶层休闲文化消费、官绅日益膨胀的奢华美学思想以及南方商品经济发展的产物，还是市民阶层抵制理学、提倡人文精神的产物。它已然超越了知识本身，文本中诸多审美范畴被清代及后世消费文学频繁援引，也被译为多种语言而传播于海外。它被发现或未被阐释的知识俨然成为明清社会更迭期的"晴雨表"，作品所传递的知识语用学亦呈现出被信赖与宽容的世界性知识存在。

加拿大媒介理论专家哈罗德·伊尼斯（Harold A.Innis，1894—1952年）指出："一切文化都要反映出自己在时间和空间的影响。它们的覆盖面有多大？在时间上延续了多久？"①从清代以来，剧论《闲情偶寄》一直被学界视为具有里程碑意义的知识文本，它的文化思想被世界人民接受与消费。在时间的延续与空间的延展性上，剧论《闲情偶寄》豁然敞开为一种值得信任与宽容的世界性知识存在。

从文本构成看，《闲情偶寄》系清代著名戏曲创作家与理论家李渔（1611—1680年）之代表作，康熙十年（1671年）付梓问世。它的内容涵盖词曲、演习、声容、居室、器玩、饮馔、种植、颐养等八部分，涵盖戏曲理论的有词曲、演习与声容等内容。后人裁其戏曲三篇而别出专辑《李笠翁曲话》（即本文的"剧论《闲情偶寄》"）名重于世，成为中国剧学体系之集大成者，李渔也因此被誉为"东方的莎翁"。剧论《闲情偶寄》乃是一部完整的具有世界意义的戏曲知识文本，它为中国戏曲之结构、语言与题材及戏曲教习与创作、戏曲导演方法与舞台演出均提供了可靠的知识范式。它的问世打破了宋明以降案头戏曲之创作风格，亦开启了中国戏曲知识与舞台演出相结合的新纪元。

从研究现状考察，后学对《闲情偶寄》之研究多集中于它的戏曲、建筑、美术、饮馔、养生、漆艺等作品自身内容维度，并试图解析它所展现的戏曲理论、美学思想以及休闲文化等知识视域。就戏曲而言，学界多研究它的戏曲美学、戏曲结构、舞台语言、历史叙事、声乐演唱、宾白理论、喜剧思想及戏曲与建筑的关系等内容，这些研究对于作为剧论《闲情偶寄》的内容解析与文化传承具有重大的文本性意义。恐有不足之处便是：这种研究现状不利于阐释它作为一个文学个体生命在整个明末清初社会及中国文化历史中所表现出的知识社会性，也无补于它的存在与其他社会意识形态之间的互动关联性。因为剧论《闲情偶寄》作为知识社会学文本绝非线性地孤立存在，它是当时社会的一个"基体"。很显然，知识社会学被纳入文学批判视野是必要的，它能敞开文学文本内在之精神空间与时间维度，并显露其隐性的生活空间哲学与社会时间逻辑。

一、明末清初社会的"晴雨表"

在知识社会学视野中，戏曲作为舞台上的艺术知识，特别能昭示舞台下历史社会里消费群体的现实审美意识、生活话语、文化立场以及民族心理。反之，特定社会历史动因与现实生活境遇又能培育出特定的消费群体、消费对象与消费文化，或直接影响一种新知识形态及其文本的产生和发展。剧论《闲情偶寄》近乎是明末清初社会文化的"晴雨表"。

在知识叙事维度，剧论《闲情偶寄》作为明末清初转型时期的美学谱系，体现出明清易代、政权更迭所催动的一种忌虚崇实的"清新"气象，"闲情"中透视出对社会文化发展与创新美学之诉求。李渔从当时案头戏曲的弊病入手，对不合时宜的戏曲理论进行改造与创新，显示出他独特的美学立场："标新立异。"当然，他坚持"新之有道，异之有方"。剧论《闲情偶寄》在闲情中实践、在观察中创新、在创新中变革，这是他全部的生活美学内涵。李渔的生活美学立场与他生活的时代息息相关。自晚明以来，商人与知识分子的界限日趋模糊，文艺之"雅""俗"已然分崩离析。以陈继儒（1558—1639 年）为代表的"山人派"群体的出现昭示着清代知识分子地位下滑以及明清政权更迭所催生的娱情化知识消费土壤已然松动。这种社会现实必然呼唤文风之改变，《闲情偶寄》就是一个适时宜的文学文本。同时，李渔在《词曲部·结构第一·脱窠臼》中坦言："新也者，天下事物之美称也。"[②]因此，李渔明确提出戏曲要求新、求活，忌腐、忌板，并提出"填词之设，专为登场"；要求剧作家必须"手则握笔，口却登场"，做到"诸美皆备"。李渔在《闲情偶寄·凡例》中自诩曰："所言八事，无一事不新；所著万言，无一言稍故。"为此，李渔要求戏剧写"人情物理"，力戒"荒唐怪异"，提倡真实表现生活及现实的客观规律，反对封建社会没有"机趣"的"八股"文风。从此维度上看，《闲情偶寄》真乃是用"清新"真实之风抒发李渔世界观的一个风向标，也是明末清初社会意识形态转型的历史时空"晴雨表"。

在知识消费层面，明末清初城市新经济的兴起与南方商品经济的繁荣，市民阶层的知识消费呼唤剧论《闲情偶寄》出场。此时，戏曲休闲文学不但能满足新兴的城市市民阶层的审美消费，也可满足城市官绅阶层戏曲休闲文学消费之需求。因此，李渔的"家班"与戏曲创作就有了社会气候与生存土壤。同时，清代杭州、金陵、宁波等地发达的商品经济与物质消费也为《闲情偶寄》的诞生提供了有力的物质保障。张岱（1597—1679年）《陶庵梦忆·日月湖》曰："清明日，二湖游船甚盛，但桥小船不能大。城墙下址稍广，桃柳烂漫，游人席地坐，亦饮亦歌，声存西湖一曲。"③可见，南方城市经济繁荣与文化消费盛况空前。于是，在地方商品经济与休闲文学消费需求的共同作用下，剧论《闲情偶寄》知识开始迈向公众，并走进城市大众生活，成为清代一部被消费的知识文本。抑或说，剧论《闲情偶寄》用文本的形式呈现出新知识时代的呼唤，市民阶层对娱乐性、大众化与商业化的新知识需求被《闲情偶寄》率先证实与演绎。

在知识形态视角，剧论《闲情偶寄》是明清之际宫廷、官绅日益追求的休闲美学思想之产物。宋元以来，随着国家统治中心的南移，国家意义上的文化消费中心亦向南移。清代南方商品经济十分活跃，宫廷显贵与官绅阶层逐渐扩大，他们的文化消费观念与审美思想亦随之发生变化，特别是对戏曲休闲文学形态的需求激增。为此，清初宫廷设有内廷乐部负责教坊演戏，教坊司女优（康熙年间被新设立的演戏机构"南府"取代）负责宫廷演剧。在民间，宋代以来作为文学形态的南曲也十分兴盛。据《清代伶官传》④载，咸丰十年（1860年），演员产金传曾经在内廷搬演过《风筝误》。《清代内廷演戏史话》载，嘉庆二十四年（1819），全年在圆明园和紫禁城内宁寿宫、养心殿等处多次演出的名著就有《风筝误》之《逼婚》⑤。《扬州画舫录·卷5·新城北录下》记载，"两淮盐务，例蓄花、雅两部，以备大戏"⑥。两淮盐务旨在为乾隆南巡扬州准备的戏曲，其中"花部"就有李渔的《奈何天》《比目鱼》《蜃中楼》《怜香伴》《风筝误》《慎鸾交》《凤求凰》《巧团圆》《玉搔头》《意中缘》《偷甲记》《四元记》《双锤记》《鱼蓝记》《万全记》等15种剧目。在某种意义上，剧论《闲情偶寄》是为了满足官绅阶层休闲文化消费而作，官绅休闲美学思想作为国家意识形态，也促进了南方商品经济以及官绅休闲文学的发展。

根据顾炎武（1613—1682年）《天下郡国利病书》^⑦记载，明代以来，文艺活动的大众化与商业化日趋明显，私刻通俗小说、书画等泛滥于市井。《闲情偶寄》的商业消费观点十分明显，譬如《风筝误》曰："传奇原为消愁设，费尽杖头歌一阕。何事将钱买哭声？反令变喜成悲咽。唯我填词不卖愁，一夫不笑是吾忧。"^⑧李渔的文学生产与被消费成为一种买卖的"商品"，这在明代以来大兴"文字狱"的社会里，他的知识叙事人情化与封建理学之间的矛盾是明显的。然而，剧论《闲情偶寄》并未因此而讳言，而是发出了"王道本乎人情"之呼声，同时，《闲情偶寄》所显示的文艺活动的娱乐性、大众性与商业化倾向昭示着传统"文以载道"的道德伦理被李渔所扬弃。从这个意义上说，剧论《闲情偶寄》不仅是明清社会转型时期文艺面向现实发展的需要，还是新知识分子反封建理性斗争的直接产物。

二、被援引与翻译的世界性知识话语

剧论《闲情偶寄》作为知识社会学文本，我们除以上考察戏曲"知识存在论"以外，还要特别关注戏曲知识的"社会性论"，即要研究戏曲知识在社会中的各种"关系"论，这主要体现在《闲情偶寄》的知识话语或审美范畴不仅在清代及后世叙事知识或消费文学中被频频援引，它的知识及其思想还在欧亚社会里不胫而走，或成为一种世界性的知识话语。

李渔主张有"术"之"巧"，反对"纤巧"。他在《凛遵曲谱》中指出："虽巧而不厌其巧。"《意取尖新》曰："纤巧二字，行文之大忌也，处处皆然，而独不戒于传奇一种。"《授曲第三》曰："术疏则巧者亦拙，业久则粗者亦精。"李渔"巧"的审美范畴及其思想在明代及后世文艺中被频繁援引，如晚清经学家刘熙载（1813—1881年）在《艺概·词曲概》中指出："若舍章法而专求字句，纵争奇竞巧，岂能开阖变化，一动万随耶？"^⑨在《艺概·文概》中也曰："所谓辞者，犹器之有刻镂绘画也。诚使巧且华，不必适用；诚使适用，亦不必巧且华。"^⑩可见，刘熙载继承了李渔反对文艺"纤巧"的思想。再譬如"机趣"（与"板腐"相对）是《闲情偶寄》中最为重要的审美范畴之一，《词曲部·词采第二·重机趣》曰："'机趣'二字，填词家必不可少。'机'者，传奇之精神；'趣'者，传奇之风致。"明代文学家袁宏道（1568—1610年）《袁中郎全集》《狂言·癖嗜录叙》曰："夫趣，生于无所倚，则圣人一生，亦不外乎趣。趣（按：妙趣）者，其天地间至妙至妙者与！"因此，"李渔的'机趣'既是对晚明之'趣'的继承，也是对那种狂放无忌的'趣'所作的一种反拨"⑪。同时，《闲情偶寄》的审美范畴对后世文学也产生了深远影响，如近代学者梁启超（1873—1929年）的后期美学思想核心范式为"趣味"（生命意趣）。实际上，李渔的思想并非孤立的，而是建基于对历史的深邃思考。明代宋应星（1587—约1666年）在《天工开物》中曰："凡工匠结花本者，心计最精巧。……天孙机杼，人巧备矣。"⑫另外，清初儒家孙奇逢（1584—1675年）提倡以实补虚，对晚明阳明后学清谈之流弊持否定态度。另外，在实践上，《闲情偶寄》的审美范畴与明代髹漆文本《髹饰录》之审美范式也有很多相似之处。由此观之，计成、宋应星、孙奇逢与李渔的知识体系各自用自己的话语共同建构并阐释了明末清初社会新的意识形态与思想动向。

从跨文化传播立场分析，17—18世纪西方正值封建社会向资本主义社会过渡时期。剧论《闲情偶寄》在海外的影响也是巨大的，它的许多作品先后被翻译成拉丁文、法文、德文、英文、日文、俄文等多种文字。剧论《闲情偶寄》何以成为世界性关注的"热点"？大致有以下几点原因：第一，从译著看，自17世纪以来，被翻译的中国文学文本在欧洲大量发行，其中李渔戏曲思想在世界范围内被广泛接受与认可，特别是戏剧化的"中国戏"乃是法国、意大利等国的新剧种。根据《中国古典小说戏曲名著在国外》⑬载，李渔的著作被译成拉丁文的是由清代来华的意大利传教士安杰洛·佐托利（Angelo Zot-toli，汉名晁德莅，1826—1902年）所译的剧本《奈何天》（第2出）、《慎鸾交》（第20出）和《风筝误》（第6出），三本均收录于晁德莅拉丁文对照本《中国文化教程》（1879—1909年上海天主教印刷所出版）中。随后，法国人德·比西（De Bussy）又将上述三剧的拉丁文转译成法文。德文研究论著有1968年中国台湾"中国资料中心与研究援助公司"出版的赫尔穆特·马丁（Helmut Martin，汉名马汉茂，1940—1999年）所译《李笠翁戏剧：中国17世纪戏剧》，英文论著有马措达（Shizue Matsuda）的博士论文《李渔：生平及其小说中所反映的道德思想》（1978年发表）。1926年，东京中国文学大观刊行会出版了宫原民平日文版《风筝误》（收入《中国文学大观》），有关在日本的研究论著还有苏英晰的《李渔的戏曲论》、平松圭子的《李笠翁十种曲》与冈晴央的《剧作家李笠翁》

等。第二，从李渔思想本身而言，它刚好与欧洲同时期启蒙主义思想不谋而合。第三，浪漫、入俗、娱乐、生活气息的戏曲风格也是被东亚与欧美国家认可的原因之一。日本文学史家青木正儿（1887—1964 年）在《中国近世戏曲史》（1930 年）中说："李渔之作，以平易易于入俗，故十种曲之书，遍行坊间，即流入日本者亦多。"美国中国文学研究专家韩南（Patrick Hanan）于《中国白话小说史》中指出："古狂生的思想显然是严格的儒家思想，这正是李渔等十七世纪文人的嘲笑对象。……如果把'快乐'理解为被动地顺应现实，那么，李渔可以说就是一位快乐的哲人和艺人。他的哲学是：不要奢望，以免失望，不必深谋远虑，要想到还有不如自己的人，以此自慰。这些观点在他的小说、戏剧、文章里都同样地表现出来。"⑭这句话从一个侧面道出了李渔的思想正好契合了欧美国家的浪漫、娱乐化的审美情趣，因此它被长期广泛接受与传播。第四，在 17—18 世纪间，中国海上贸易频繁，"丝绸之路"是中国文化对海外产生影响的重要契机与途径。在对外贸易中，中国戏曲文化思想与中国的丝绸等一样被输出国外，一股"中国风"在欧洲宫廷强劲蔓延。譬如元杂剧《赵氏孤儿》就在法国、英国掀起了中国戏曲热高潮。1943 年，埃里克·P. 亨利（Eric P. Henry）在《中国娱乐：李渔的戏剧》中说，对于西方的读者，李渔是最具魅力与最易接近的中国作家之一⑮。该书见证了中国古代文化之美的国家身份与世界地位，被输出的戏曲文化有力呈现出世界戏剧美学思想与文化大融合的态势。实际上，17 世纪以来的欧洲启蒙主义思想进展史暗示：中国文化思想的输出凭借的是《闲情偶寄》文本本身的人文主义思想，它深刻影响了西方的文化思想及其审美趣味。

三、附带性问题

问题的复杂性还在于：剧论《闲情偶寄》的美学思想转型与当时以古典主义思想为主体的中国社会是否对立？作为"帮闲文学"的《闲情偶寄》是否在明清中国商业化进程中压制了一直以来"文以载道"的文学传统？剧论《闲情偶寄》的生活化、人情化与娱乐化思想对当代忙碌于文化产业的人们有何借鉴？引出这三个问题的讨论价值有助于当代文学或文化的社会结构性思考。

第一个问题关乎戏曲理论发展与社会发展的问题。当一种文学的发展以一副批判性面孔出现在世人面前时，文学的超乎寻常的冷静性思想是否能够给快速发展的社会提供冷却剂？从这个维度上分析，在儒家思想"分崩离析"的明清之际，剧论《闲情偶寄》的美学体系创新需要李渔的巨大理论勇气。李渔作为晚明科举秀才，在社会更迭时期却无意仕途而选择了另外一条别样的商儒之路：著述—演戏—从商（"砚田糊口"）—剧论。李渔对戏曲理论的创新基于自设"家班"，亲自巡回演出。他恪守自己的生活信条，在生活中演绎"人情"，反对刻板，提倡新奇。毋庸置疑，剧论《闲情偶寄》是生活的、大众的、娱情的俗文学，但从其知识叙事足以见出李渔的文艺修养、生活情趣与理论勇气。从剧论《闲情偶寄》的生产与发展来看，商业化的冲击并没有泯灭李渔的仕途之梦，也没有影响戏曲文学的创新发展，反而使士大夫家班的"文化创业"走向成功。

第二个问题涉及 17 世纪中国文学商业化问题。文学是否能商业化？这是一个争论不休的题域。文学的社会诉求在于有补于精神文明价值，而商业是为了追求经济价值。文学的本质规定不在于商业的丰富，而在于精神文化的至善至美。我们必须认识到，文学商业化的灾难在于它的政治、商业与娱情的文化发展大大超越了它的精神文化发展，只有当它们之间的生态平衡关系被金钱幽灵彻底打破的时候，我们才有理由反对文学的过度商业化。当代商业化作家与 17 世纪中国文学商业化戏曲家李渔之间的"共相"是否能够引发当代人的某些反思？实际上，剧论《闲情偶寄》的商业化运作实践告诉我们："商品经济的发展造成文学消费圈层的扩大，不仅意味着文学创作与经济生活关系的密切，而且对创作本身而言，形成了越来越多的自由写作活动。"⑩

第三个问题关涉剧论《闲情偶寄》"娱乐化"思想的当代传承问题。李渔在《冬季行乐之法》中指出："凡居官者之理繁治剧，学道者之读书穷理，农工商贾之任劳即勤，无一不可倚之为法。噫，人之行乐，何与于我，而我为之噪敝舌焦，手腕几脱。"那么，如何看待李渔顺应时代、致力于"为之噪敝舌焦"的戏曲娱乐化思想？"如果把'快乐'理解为被动地顺应现实，那么，李渔可以说就是一位快乐的哲人和艺人。……他的作品经常是在说明一种现实的原则，对此，一切理想或先入之见都应当加以适应。有时，这种观点还被写在'五常'的范围内，将儒家思想改造为顺应潮流的思想。李渔当然是只相信顺应环境的道德而不相信绝对道德的，他甚至走得更远一点，想把某种开明的利己思想置于自我牺牲的思想之上，作为社会的理想。"⑤但无论如何，剧论《闲情偶寄》开启了文学知识的生产、消费与接受的商业化路径，它既是书写明末清初文学的大众、商业与娱乐的"人情"欲望史，也是书写文学发展、进步与增益的文明史。那么，当代戏曲文化如何借鉴剧论《闲情偶寄》的历史遗产以及发挥戏曲在复兴"中国梦"中的作用，将是戏曲文学在新时期发展必须面对的一个现实问题。

简言之，以上三个问题的探讨向度在于文学发展与社会发展之间的互动时空哲学。在一定意义上说，文学的时间延续与它在社会空间上的延展共同致力于建构一个现实社会的审美文化。尽管平衡文学在社会发展中的时间长度与空间广度是一件难事，但剧论《闲情偶寄》至少告诉我们：文学的人情化、娱乐化与商业化思想在软化社会矛盾、重构社会伦理与减缓社会进程等维度上都能具有重大的理论与现实意义。

注 释

① ［加］哈罗德·伊尼斯：《传播的偏向》，何道宽译，北京：中国传媒大学出版社，2013 年，第 175 页。

② （清）李渔著，单锦珩校点：《闲情偶寄》，杭州：浙江古籍出版社，1985 年，第 152 页。

③ （明）张岱：《陶庵梦忆》，北京：中华书局，1985 年，第 3 页。

④ 王芷章：《清代伶官传》，齐家本校订，北京：中华书局，1936 年。

⑤ 丁汝芹：《清代内廷演戏史话》，北京：紫禁城出版社，1999 年，第 59—60 页。

⑥ （清）李斗撰，汪北平、涂雨公点校：《扬州画舫录》，北京：中华书局，1960 年，第 107 页。

⑦ （清）顾炎武：《四部丛刊三编·史部·天下郡国利病书》（第 8 册），上海：上海书店出版社，1935 年。

⑧ （清）李渔著，单锦珩校点：《闲情偶寄》，杭州：浙江古籍出版社，1985 年，第 152 页。

⑨ （清）刘熙载：《艺概》，上海：上海古籍出版社，1978 年，第 116 页。

⑩ （清）刘熙载：《艺概》，上海：上海古籍出版社，1978 年，第 33 页。

⑪ 高小康：《论李渔戏曲理论的美学与文化意义》，《文学遗产》1997 年第 3 期，第 89 页。

⑫ （明）宋应星著，潘吉星译注：《天工开物译注》，上海：上海古籍出版社，2008 年，第 103 页。

⑬ 王丽娜：《中国古典小说戏曲名著在国外》，上海：学林出版社，1988 年，第 531—533 页。

⑭ ［美］P. 韩南：《中国白话小说史》，尹慧珉译，杭州：浙江古籍出版社，1989 年，第 161—162 页。

⑮ 宋柏年：《中国古典文学在国外》，北京：北京语言学院出版社，1994 年，第 595 页。

⑯ 高小康：《论李渔戏曲理论的美学与文化意义》，《文学遗产》1997 年第 3 期，第 58 页。

⑰ ［美］P. 韩南：《中国白话小说史》，尹慧珉译，杭州：浙江古籍出版社，1989 年，第 162—163 页。

第十二章
-

晚清征候
——《垸鬏致美》
的技术隐喻

在国家层面上，晚清社会引进美国髹漆文本《垸髹致美》的背后隐喻了一部全域式的知识社会学。它既是晚清洋务思潮、发展工商业与奢华消费的征候，又是社会创办实业、学习新知识与注重科学的产物。换言之，被引进的《垸髹致美》引领朝向中美跨文化解读的迈进，它被发现的或未被阐释的知识已然率先证实了中美漆文化的互译与再生态势，也昭示了中国漆文化的世界地位及其在全球化中的标志性意义。

美国学者保罗·肯尼迪（Paul Kennedy）坦言："在中古时期的所有文明中，没有一个国家的文明比中国的更先进和更优越。"[①] 近代以前，"中国化"是世界文化词典里的核心词汇，处于东方中心主义视野下的中国文化所秉承的理念是文化输出主义。1884年，被中国引进的美国髹漆文本《垸髹致美》译本的面世，率先在世界范围内证实了美国漆艺文化已然开始输入中国。

一、从"顺差"到"逆差"

有史料显示，目前世界上最早的漆树化石是发现于美国犹他州尤因塔郡绿河地层的漆叶化石[②]（图1），距今约3700万—5400万年。中国最早的漆叶化石[③]（图2）发现于山东省临朐县山旺村（山东博物馆藏），距今约1800万年。毋庸置疑，浙江河姆渡（漆碗）、跨湖桥（漆弓）等出土的距今7000—8000年的漆器已证实中国是世界上最早享有漆文化的国度。

▲ 图1　距今5400万到3700万年的漆叶化石（美国犹他州尤因塔郡）

▲ 图 2　距今大约 1800 万年的漆叶化石（山东省临朐县山旺村）

　　从汉唐起，经"丝绸之路"或传教士等途径，中国漆器源源不断地涌入欧洲。在路易十四时代，漆器仍被视作一种奢侈品。中国漆器装饰风格对法国宫廷洛可可风格曾产生过重大影响。托马斯·芒罗（Thomas Munro）指出，"洛可可艺术"乃是"中国风格的法国艺术品"。诗人普赖尔 (Proor) 对中国漆橱柜之美十分神往，他说假如您拥有这些中国的手工艺品，您就仿佛花了极少的价钱，去北京参观展览会，做了一次廉价旅行。17 世纪初，中国漆文化被英国人带至美洲，美国工艺家在继承英国漆艺文化的基础上开始了本土制造，"最好的一些漆器是由波士顿的托马斯·约翰逊制作……在漆器商店里，也许是约翰逊漆的一个背面被乱涂的'皮姆高脚柜'或许还能辨别。……在罗德岛与纽约，漆艺的中心是哈特福特（Hartford）、康涅狄格（Connecticut）、纽波特（Newport）等地。"④1784 年乔治·华盛顿派出"中国皇后号"商船首航中国，开启了中美最早的海上商业贸易。从此，中国漆器及漆文化被大量输入美国。1784 年年底返回美国的"中国皇后号"带回的布匹、丝绸、茶叶、漆器、瓷器等物品令美国人争相购买。美国卡尔·L.克罗斯曼（Carl L. Crossman）在《中国贸易：出口绘画、家具、银器及其他产品》中说："虽然 Jr. 杜德利·皮克曼（Jr. Dudley Pickman）极大部分投资于丝绸，但是他似乎更关心他的小订单。在他信里，首先最重要的是两套漆器托盘或碟子，这些漆碟尺寸固定，每套六个。一套给他自己，另一套给他朋友。"⑤可见美国人对中国漆器的爱好与需求。

然而，时至 19 世纪末期，美国的“《髹饰录》”——《垸髹致美》（*Manufacture of Varnishes and Paint*）被引进中国，它不仅标志着中国漆艺在世界范围内开始呈现文化的"贸易逆差"，也引领我们朝向中美漆文化背后的社会学研究迈进。

二、被引进的《垸髹致美》：一个晚清社会的征候

中国漆艺是一个民族性很强的消费艺术。美国人斯蒂文·郝瑞（Stevan Harrell）撰文指出："漆器是诺苏（凉山彝族的自称）传统文化的一个部分，正好成为这项民族复兴运动的一项内容。……民族性能够成为消费的对象明显地是很重要的。"⑥ 在近代以前，中国漆文化对于欧美来说，俨然是中华民族文化的一个标志。《垸髹致美》的引进显示了文化的互通没有国别界限，民族性的文化也是世界性的文化。那么，中国已拥有《髹饰录》，晚清政府为何要引进《垸髹致美》呢？

从社会背景看，中日甲午战争后，清廷讲求时务、提倡西学蔚成风气，诸种西学著作由当时江南制造局翻译馆负责引进。在工艺方面，该局先后出版了《器象显真》《艺器记珠》《西艺知新》等书。当时美国正值第二次工业革命时期。在洋务大臣眼里，"美以富为强"。富有省思的张之洞、李鸿章等洋务派均认为："（美国技术）最新，距华最远，尚无利我土地之心。"⑦ 清光绪二十五年（1899 年）小仓山房石印本《富强斋丛书正全集》（又名《西学富强丛书》，袁俊德辑）汇辑西学译著 80 种，集成此编，以备求强救国者采撷。该丛书涉及漆学的有《垸髹致美》⑧（1 卷），它是《西艺知新》续集之一，由美国 Leroy J. Blinn 所著（傅兰雅口译，徐寿笔述，图 3），内容涵盖东洋漆的种类、配方及上漆工艺等。《垸髹致美》是西"漆"东进的时代产物，其知识语境与中国洋务思潮有密切关系。

从技术语境分析，引进《垸髹致美》实则反映了晚清社会对西方新技术知识的需求。晚清"江南制造局翻译馆选译书的原则有三条，它们是：第一，选最近出版的新书和名著，即'更大更新者始可翻译'。第二，西人与华人合选当前急用之书，没有按大英百科全书分门别类进行译书，故所译之书不配套。第三，主要选择科技方面的书籍，但由于清政府军事上的需要，选择了许多'水陆兵勇武备'之书。根据以上原则，徐建寅他们选择的大多是英

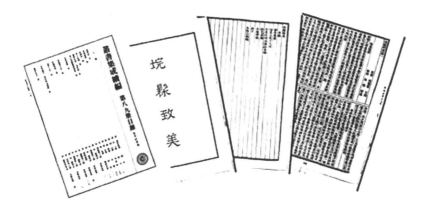

▲ 图 3 　《垸髹致美》原样（部分）

美最新出版的书，有些是著名科学家的名著。"⑨ 据此，《垸髹致美》应当符合当时"更大更新者""当前急用之书"与"科技方面的书籍"的三条选译标准。《垸髹致美》所述各种工艺，有的在西方尚属先进，有的虽已过时，但在当时中国，仍不失为有用的技艺。熊月之著《西学东渐与晚清社会》引梁启超《读西学书法》曰："《西艺知新》此为工艺丛书……皆言手制各物小工程，其法虽颇旧，然中国工人苟覃心研究，能通其法则，亦可以获利，因中国物料与工价，而向用之法旧于此等十倍也。他人历万里购我物料归国而制造之，复运来以取售于我，而其利之溥犹如此，货弃于地，惜哉！"⑩ 可见，晚清引进技术文本《垸髹致美》是当时社会之需。

　　从物质消费看，引进《垸髹致美》是清代社会漆业发展及奢华消费的产物。在清代，漆艺消费奢靡之风盛行，作为经济实业的漆业自然发达。据考古发现，光绪二十二年（1896 年）陕西平利县牛王乡牛王庙有《禁碑》载："一禁漆籽、漆根不得强打私挖，故违者一经查获，轻则听罚，重则送官。一禁所栽所下漆秧，倘有盗窃，一经拿获，即以盗贼论，送官重惩。"⑪ 说明国家对漆树种植非常重视。另外，在贵阳城东阳明祠门外建筑工地上，也曾发现乾隆以后的《黑漆行规碑》⑫，该石碑足以反映贵州大方、贵阳、安顺等地的漆业发达。雍正初期，雍正皇帝主要委托怡亲王负责办理漆器制作的有关事项，如给造办处一件洋漆双梅花香几，怡亲王又交给造办处一件洋漆小圆盘，造办处于四月二十九日做得洋漆小圆盘八件⑬。实际上，在这之前，洋漆及其技术已被引进中国。譬如《红楼梦》第40回记"右边洋漆架上悬着一个白玉比目磬",第53回记"榻之上一头又设一个极轻巧洋漆描金小几",第62回记"只见袭人走来,手内捧着一个小连环洋漆茶盘"。这里的"洋漆架""洋漆描金小几""洋漆茶盘"等都是精美的洋漆器。"洋漆"又称"泥金",明代时由日本传入,即用金粉和大漆调和后涂绘于漆器上的一种装饰技艺,得名"洋漆"。清雍正、乾隆年间是洋漆生产的鼎盛期,清宫廷内"造办处"就设有"洋漆作"专门生产洋漆器。光绪二十九年(1903年)十一月,清廷批准张之洞等人的《奏定学堂章程》,规定"工业教员讲习所,置完全科及简易科。……简易科分金工、木工、染色、机织、陶器、漆工六科。"[⑭]从国家制定漆"禁碑",到宫廷消费洋漆器与亲王督促造办处添置洋漆器以及开设漆工科来看,引进《垸髹致美》是清代宫廷消费美学思潮的产物。

从晚清发展实业看,学习西方技术与技术引进成为当务之急,引进《垸髹致美》反映了晚清社会注重科学与发展实业"自强救国"的立场。洋务重臣盛宣怀、张之洞等人无不强调"制器"之重要性,并主张"工商立国"。"洋务运动"期间,在轮船、铁路、造炮、开矿、冶炼等部门都要大量使用油漆及其技法,而中国《髹饰录》侧重髹漆技法,其技术配方只在家族内传承,很难适应晚清实业的发展需要,于是侧重髹漆技术配方的《垸髹致美》无疑有补于《髹饰录》之广漆配方的缺陷。从文本知识看,《垸髹致美》的内容主要有油漆总说、油漆五色十九法、合漆所用各种松香类、拉克漆类、各种胶类、杂方、各种白铜类等七个部分。如《垸髹致美》之第二部分"油漆五色十九法"就是油漆配方之法。相比较而言,中国髹漆重漆工技术规范与操守,书写体例与叙事模式属于知识叙事,至于技术配方,只在家族内继承,不同于《垸髹致美》的科学叙事。因此,《垸髹致美》与《髹饰录》具有技术上的互补性。《垸髹致美》不仅提供各种西洋漆科学配方,还有"东洋漆之髹法"的记录。另外,《髹饰录》非一般漆工所能认识,这也阻碍了其在清代的发展与利用,而《垸髹致美》能提供各种油漆常识以及合漆所用各种松香类材料知识。可见,作为技术文本的《垸髹致美》是晚清发展实业之需要,也是对《髹饰录》在技术配方上的一种弥补。

简言之,《垸髹致美》是西"漆"东进的文本产物,它背后隐喻了一部全域式的经济与制度、技术与文化、政治与意识形态诸方面的知识社会学。《垸髹致美》既表现了晚清社会洋务思潮、发展工商业的状况,也见证了家族传承式的《髹饰录》知识在遭遇晚清实业时的尴尬与不足，更昭示了晚清社会发展实业、学习新知识与注重科学的社会征候。

三、再生与启示

中国漆艺是文化的使者，中国漆文化对美国的影响是深远的。里根总统夫妇曾接受题名为《玉堂春色》的雕漆嵌玉云扇屏风两幅的中国国礼。1930 年，美国家具设计家阿巴尼的埃利萨·安舍理仿制具有漆饰的中国八仙桌。早在 20 世纪初，中国漆艺便已在美国风行，特别是福建的脱胎漆器在美国广受欢迎，并在多次博览会上获得殊荣[⑮]。如 1910 年福建"沈家店铺"（沈正徇）（图 4、图 5）脱胎漆器"古铜色荷叶瓶（一对）"（图 4、图 5）获圣路易斯博览会"头等金奖（两个）"，1926 年"沈家店铺"（沈幼兰）的漆器"套桌、茶具"获费拉德菲亚博览会"头等金奖（两个）"，1933 年"沈家店铺"（沈幼兰）的漆器作品"博古挂联"获巴拿马纪念博览会"特等金奖"（图 4、图 5）。美国的旧金山亚洲艺术馆、克利夫兰艺术馆、纳尔逊艺术陈列馆、西雅图艺术馆、底特律艺术中心、洛杉矶郡艺术馆等都藏有中国古代漆器[⑯]。美国人对中国古代漆器的珍藏显示了中国漆文化具有世界性共享特质。21 世纪以来，中美漆艺交流频繁。2005—2006 年在美国华美协进社、檀香山艺术学院和圣巴巴拉美术馆举办了"Mike Healy 藏中国漆器精品"巡展。2010 年，美国国会图书馆展示了收藏的中国（唐明修）的漆艺作品。2010 年 12 月，美国纽约大都会艺术博物馆举行"奢华展示：十八世纪和十九世纪中国艺术"展，其中不乏清代漆器。2011—2012 年期间，美国纽约大都会博物馆展出了中国 13 至 16 世纪的漆器。中美两国漆艺文化的互通与再生显示了中国漆艺在世界上的独特地位以及在全球文化贸易中的标志性意义。

另外，重拾被引进的《垸髹致美》及中美漆文化的交流史，对于研究与发现中国漆文化以及现代漆涂料的开发与创新有重大启示，技术文本《垸髹致美》让我们看到中国作坊式的《髹饰录》知识无法满足大规模的实业发展。中美两国漆文化的交流、互生与再生揭示：漆文化是世界的，它是没有国界的。认识髹漆技术文本《垸髹致美》有利于认识东洋漆与掌握西洋漆的垸髹配方与髹漆技法，也有补于中国广漆垸髹配方与髹漆技法，特别是有利于涂料配

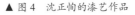
▲ 图 4　沈正愐的漆艺作品　　▲ 图 5　薄料印锦盘根三足
鼎炉，沈幼兰漆艺作品

方试验的设计科学化，有助于理解各种髹漆介质及其杂方、掌握涂料成膜动力学过程和流变行为模式及结构固化机理，更有补于生漆改性研究，克服生漆缺陷，开发节能、低耗与环保的生漆涂料新产品，尤其对于高性能、无污染、功能性涂料及无机颜料的开发与研究具有重大现实价值。

由此观之，对《垸髹致美》的研究不仅是为了见证晚清社会的征候以及中美漆文化的交流史，还有抛砖引玉的学术期待，以期引起对《垸髹致美》技术文本的关注与研究，并能进一步唤起对中国漆涂料行业革新的省思。

注　释

①〔美〕保罗·肯尼迪：《大国的兴衰》，蒋葆英等译，北京：中国经济出版社，1989 年，第 4 页。

②（土耳其）哈伦·叶海雅：《创造论图谱》〔EB/OL〕。http://www.islamhk.com/files/book/book1/atlas_creation_03.htm，发表日期：2012-6-11。

③图片来源于山东临朐县山旺村古生物博物馆〔EB/OL〕。http://www.lqshanwang.org/，2011-12-7/2012-6-11。

④Oliver Impey，*Chinoiserie:The Impact of Oriental Styles on Western Art and Decoration*，London:George Railbird Ltd，Mar 1997，pp. 117-118.

⑤转引自陈伟：《中国漆器艺术对西方的影响》，北京：人民出版社，2012 年，第 185 页。

⑥〔美〕斯蒂文·郝瑞：《一个美国人类学家眼中的彝族漆器》，马莫阿依、曲木铁西译，《中国民族报》2001 年第 6 期。

⑦夏东元：《晚清洋务运动研究》，成都：四川人民出版社，1985 年，第 225 页。

⑧王扬宗：《江南制造局翻译书目新考》，《中国科技史料》1995 年第 2 期，第 11 页。

⑨凌瑞良：《物理学史话与知识专题选讲》，南京：南京师范大学出版社，2010 年，第 22 页。

⑩熊月之：《西学东渐与晚清社会》(修订版)，北京：中国人民大学出版社，2011 年，第 406 页。

⑪参见张继祖、刘谦虎等：《我国特有漆树种质资源——陕西漆树》，《中国林副特产》1987 年第 1 期。

⑫倪腊松：《研究清代贵州经济史的宝贵资料——黑漆行规碑》，《贵州文史丛刊》1996 年第 4 期。

⑬张荣：《漆器型制与装饰鉴赏》，北京：中国致公出版社，1994 年，第 204—205 页。

⑭（清）赵尔巽等撰，中华书局编辑部点校：《清史稿》，北京：中华书局，1977 年，第 3139 页。

⑮黄宝庆、王琥等：《福建工艺美术》，福州：福建美术出版社，2004 年，

第 87 页。

⑯ 台北故宫博物院编委会：《海外遗珍·漆器》，台北故宫博物院，1998 年。

余论

·

劳动与休闲

——技术引起

时空的变化

及其意义

在技术哲学视野下，劳动与休闲都是人的权利和创造价值的生存方式。技术是人的身体功能在劳动中的时空延伸，是引起劳动空间与休闲时间变化的核心动力。技术改变了空间中的劳动方式、劳动工具和劳动组织等内容，引起了定居生活、国家统一、村落结构、城市布局、海洋扩张以及全球扩张等空间变化，形成了空间的休闲时间意义指向，促进了游戏时间、文艺时间、宗教时间、美学时间和哲学时间的兴起与发展，进而为人类创造了灿烂辉煌的精神文明。澄清技术场域中的劳动与休闲引起人的时空变化，对于阐明推进技术文明、劳动文明和休闲文明协同发展具有启示意义。

在德国技术史研究传统中，"人的技术"与"技术的人"是他们一以贯之的研究主题，特别是在德国的技术哲学史传统中，这一主题显示出很强的研究生命力。譬如"技术时代的人和劳动"是1951年马堡技术哲学会议的主题，"技术引起人的变化"是1953年图宾根技术哲学的核心议题，"技术场中的人"是1955年慕尼黑技术哲学会议的主题。不过需要指出的是，除了英国科技史家李约瑟之外，欧洲的技术史或技术哲学研究对中华技术（这里指"传统匠作技术"）与人的关系的研究是不够的，尤其忽视了中华技术引起的对全球的变化与影响。当然，中国学者对中华技术的全球史研究也是乏力的，尤其是对中华技术场中人的研究更是不足的。

一、劳动与休闲：一种哲学观

在哲学层面，劳动与休闲都是人的权利和创造价值的生存方式。劳动创造了人本身；同样，休闲也是创造人本身的一种方式。劳动与休闲之间的基本逻辑是：在劳动中实现休闲权利及其意义。但就劳动与休闲的哲学史观而言，大体存在以下几种看法。

1. 劳动与休闲的统一

劳动与休闲统一观认为，休闲以劳动为前提，"劳动本身就是休闲的手段"①，"离开劳动的休闲没有意义"②。因为物质劳动为休闲提供基础保障，而物质劳动本身是自由劳动，自由劳动也是一种休闲。

猪木武德在《经济思想》中辟专文论"劳动与休闲"，认为并不是为了工作而工作，很大程度上是为了休闲而工作，并援引《旧约》说，"安息让人靠近上帝"，还援引"休闲学之父"亚里士多德的《政治学》指出，"工作是为了休闲"③。猪木武德指出了休闲与劳动的辩证关系，并认为休闲不是一般意义的消遣，休闲是一种高贵的事情——接近休闲文明的劳动或精神文明劳动。换言之，劳动和休闲的统一集中体现在"文明性"上，物质劳动或工作就是为精神劳动或工作提供基础，精神劳动或工作为物质劳动或工作提供思想反哺。

劳动和休闲的统一还体现在休闲对劳动的影响上。孙海植等认为，"休闲对劳动的影响是指劳动逐渐具有休闲的性质"④，即休闲与劳动在"自由性"上达到契合与统一，否则休闲会滑入普遍意义上的消遣，劳动也会逐渐失去自由的劳动。

2. 劳动与休闲的异化

在马克思看来，劳动异化是工人失去休闲的主要原因。根据马克思的研究，所谓"劳动异化"，首先是政治的和经济的异化（包括社会财产的异化、社会关系的异化等），然后才是劳动的异化（包括劳动者的异化、劳动产品的异化和劳动行为的异化等）和人的异化（包括休闲的异化等）。也就是说，马克思从资本主义制度的深层次揭示了劳动与休闲异化的本质原因。很显然，在异化观体系中，劳动与休闲是孤立的，甚至是对立的。譬如托马斯·古德尔（Thomas L. Goodale）和杰弗瑞·戈比（Geoffrey C. Godbey）在《人类思想史中的休闲》中援引凡勃伦的观点（见《有闲阶级论》）指出，"有闲阶级"通过休闲拥有了炫耀自我财富，并拉大自我同老百姓之间距离的机会⑤。这就是说，有闲阶级的"休闲"已经是异化了的休闲，他们的物质财富并非是建立在自己劳动基础上的劳动财富，以至于将劳动与休闲割裂开来。

另外，休闲本身的异化具有腐朽性和消极影响性特质，它也可能导致人们的物质劳动异化，因为不正当的休闲空间、休闲内容和休闲方式会直接影响物质劳动本身走向异化的危险。换言之，劳动的异化和休闲的异化是相互依存的。

3. 劳动与休闲是一种社会现象

劳动和休闲既是个人的，也是社会的，因为个人劳动和休闲总是受社会制度、社会环境与社会思想的影响。譬如，先秦社会个人的休闲被赋予了社会道德之"吉庆、美善"之含义。《论语》云："大德不逾闲。"魏晋时期社会上盛行的隐逸之风很明显受制于玄学制度的影响而发生，唐代社会的休闲之风以及宋代士大夫的休闲生活均是社会语境的产物。同样，李渔的"闲情"也是社会制度与思想的产物。罗歇·苏（Roger Sue）在《休闲》中认为，休闲是一种个人选择，但各种"社会决定论"相对地影响个人选择，以至于"由于休闲所取得的规模，它已成为一种社会现象"[⑥]。这就是说，休闲作为社会现象的一个前提是"休闲所取得的规模"，也就是"各种社会决定"论的规模。

作为社会现象的劳动与休闲，它们之间存在着既统一又矛盾的关系。只有当劳动和休闲走向社会的文明性、自由性的创造时，它们之间的关系才走向了统一面；但劳动和休闲走向自私工作和个人消遣时，它们之间的关系就走向了矛盾面。因此，作为社会现象的劳动与休闲之间的关系是很复杂的，但劳动与休闲的基本面是始终如一的，即在劳动中分配正义，在休闲中获得权益。

4. 技术对休闲的威胁

近代工业革命以来，伴随着科学技术的发展与运用，机器化生产已然破坏了人的劳动与休闲之间的适当平衡。工人的劳动被束缚在机器旁，劳动与休闲之间的鸿沟开始出现，休闲成为一种奢侈。同时，伴随劳动技术的进一步发展，流水线和机械化作业减少了工人的数量，进而又使得大部分工人失去了工作而进入"赋闲阶层"。于是，在资本主义工厂中开始出现诸如工厂工作制、休闲的需求与供给规定、休闲的政策与教育制度等，以缓解劳动与休闲之间的矛盾。换言之，社会制度或是缓解劳动异化和休闲异化的建构路径。

实际上，劳动和休闲异化也可以通过技术本身得以解构。在本质上，休闲是基于生命意义的生活存在，技术是为生命提供物质基础。技术与休闲并非天然的矛盾与对立的范畴。休闲是"在精神上掌握自由的时间"[⑦]，是通向人的自由的路径；而技术则是为人在精神上掌握自由时间提供物质基础。人们之所以诞生"技术威胁"论或"技术恐惧"观主要还是受制于技术决定论、技术价值论与技术理性论等思维。

二、 技术、人的劳动与休闲

技术与人的劳动以及休闲之间到底存在何种关系呢？在本质上，技术是属于人的技术，是人的身体功能的时空延伸。延伸身体功能的技术目的在于不断改进人的劳动空间与休闲时间状态。劳动的时空结构决定了劳动的意义与属性，技术又是引起劳动与人身体变化的根本要素。可见，身体、技术与休闲在劳动中得到统一，身体延伸了劳动技术，劳动技术赋予了休闲时间，而休闲时间又创造了人类精神文明。

1. 身体延伸技术

从身体哲学看，技术不过是人的身体各种器官功能的时空延伸，以弥补身体在技术性上的有限性与不足，进而实现身体器官功能作用的最大化。因此，人类的技术及其技术物的发明开始了，人们在生产、使用和消费技术物的同时，也就是在与技术文化交往、交流与学习。于是，人类各种各样的富有劳动特色的技术景观诞生了。譬如狩猎景观、耕作景观、机械景观、虚拟景观等，这些劳动景观成了人类技术进程中起到关键作用的景观，它们分别得益于狩猎技术、耕作技术、机械技术和虚拟技术的促进与引领。这些技术也是社会发展进程中代表较高生产力的先进技术，对于人们的劳动工具、劳动方式、劳动组织、劳动制度等具有深远的影响。譬如耕作技术语境下铁犁技术的诞生，铁犁工具成为农民耕作的重要劳动工具，农田耕作采用的牛耕方式或马耕方式成为主要劳动方式，围绕农耕技术体系的农民村落组织模式也由此诞生，进而形成了农业劳动制度。

技术的发明以及技术物的使用又反过来影响身体的机能与结构，增进身体在劳动中的适应性与功能性，进而让身体、技术与劳动达到高度统一。从原始社会的石器技术到当代的虚拟技术，身体越来越最大化地发挥劳动价值，新技术提升了劳动效率，也为身体更加适应劳动提供支撑。越来越多的新技术不过是人类对身体时空延伸的新发现与新利用，更好地发挥身体在感觉、触觉、视觉等方面的劳动价值或技术功能。

2. 技术赋予休闲

从技术哲学看，技术对劳动空间、劳动时间与劳动结构也具有主要影响作用。人类对劳动空间的开拓是伴随劳动技术的发展而发展的，没有劳动技术的发展是无法拓展劳动空间的。中国古代的罗盘技术不仅开拓了宗教伦理空间，还开拓了浩瀚的海洋空间，更为欧洲发现新大陆空间以及殖民空间提供了帮助。那么，不同的技术空间自然产生不同的劳动时间。譬如罗盘占卜时间、海洋作业时间、远洋航海时间、殖民扩张时间等具有显而易见的时间分异，由此也形成了劳动之后不同的休闲时间，如罗盘占卜之后的宗教休闲、海洋作业之后的海洋休闲、远洋之后的航海休闲、殖民之后的殖民休闲等，不同的休闲时间形成了不同的休闲文化和休闲文明。很明显，各种休闲方式是劳动的延续，带有该种劳动属性的休闲文化。换言之，休闲并非劳动时间的停顿，而是物质劳动在时间意义上的赓续。或者说，劳动时间和休闲时间的属性是一致的，具有哲学和文化的同源性或同根性、一体性的特征。如果把劳动和休闲割裂开来，也就是把人的哲学性或人性撕裂成两半。从某种程度看，人对物质劳动时间的一往情深，就是为了休闲时间的到来。如果失去了休闲时间，那么劳动时间的质量或结构就会遭受致命的打击。

技术赋予了休闲，也就赋予了休闲文明。休闲文明是人类社会文明发展中的精神文明，是文明的高级形态，它为物质文明的发展提供了思想与观念的营养补给。因此，技术赋予休闲的同时，休闲也为技术的发展提供了更加适合其发展的思想理念与精神支撑。

3. 休闲创造知识

从休闲哲学看，人类对劳动时间的认知与关注，必然要通过劳动技术去改变劳动时间的轨迹、线条与形状。人类对劳动时间的改变主要是借助对劳动时间的延长（延时）、压缩（缓时）和精准制衡（定时）等方式来实现的，被延时、缓时和定时的时间意义就发生了改变，进而改变了休闲时间性状。

譬如轮子技术的发现与发明，大大更新了人们的时间观念，尤其是改进了人们休闲时间的性状。苏美尔人的陶轮技术不仅改变了他们制陶的劳动时间，更为他们的陶作劳动增加了艺术时间以及人们欣赏艺术的时间，特别是为苏美尔人的陶作劳动之后的休闲时间提供了长度、质量与伦理等层面的支持。因为陶轮技术的使用压缩了苏美尔人的劳动时间，而延长了他们劳动之后的休闲时间；而休闲时间场景中的陶艺景观又为他们的休闲时间提供了艺术性的质量保障，进而在人与人的伦理时间层面逐渐走向宗教时间以及其他社会时间领域。从某种程度上说，宗教是人们劳动休闲之余对上帝、自然与人类关系的一种想象化产物。同样，人类的哲学时间或哲学本身也是由休闲时间诞生的，譬如庄子的休闲时间和毕达哥拉斯的休闲时间就成就了他们的哲学时间或哲学。换言之，人类的很多知识体系是休闲知识体系的延续与发展，而休闲知识体系的出场与技术体系密切相关。

休闲时间保证了精神知识生产，为精神知识生产提供了冷却剂与智库。除了宗教和哲学外，凡是人类的艺术、文学、戏曲、舞蹈、音乐等诸多知识都是休闲时间的产物。人类没有休闲时间也就失去了精神文化知识，更无法保证物质文化知识的生产与发展。

简言之，人类的技术发现与发明主要是为了延伸身体在劳动过程中的功能与作用，为劳动时间和休闲时间找到在长度、质量和制衡上的控制能力，以适应人类生活与社会发展的需要。休闲时间和质量主要来源于技术在时间上的控制以及技术给劳动带来的影响程度，因此，技术是人类劳动和休闲体系中的核心要素，休闲时间是技术劳动的生命延续。

三、劳动：技术引起空间变化

劳动是社会空间中具有时间意义的行为，基于技术的不同劳动方式会引起不同的空间变化。劳动技术的革新与使用引发社会空间中的劳动意义的变化，进而引起社会空间中人的时空变化。社会空间中的技术物也绝非孤立物，它们改变了社会空间中的劳动方式、劳动工具与劳动制度，进而引起定居生活、国家统一、村落结构、城市布局、海洋扩张以及全球扩张等空间变化。

1. 定居与统一

在马克思看来，劳动创造了人本身。那么，是什么创造了劳动本身？应该说，劳动本身的全部技术性质决定了这种劳动的质量与形式以及劳动者的存在状态，而决定劳动质量与形式的是技术物及其空间中的技术性和适应性。

在原始社会，狩猎技术物或工具决定了先民的狩猎对象、狩猎空间以及狩猎质量。作为劳动的狩猎活动，先民的狩猎工具技术也决定了他们的劳动时间、劳动组织和劳动制度。换言之，狩猎技术物对狩猎空间范围和社会空间伦理具有决定性影响。到了铁器时代，狩猎技术物被铁器技术物取而代之，特别是铁犁技术物的出现，狩猎劳动就成为农田耕作劳动之外的休闲劳动的补充，原来那种散居或游牧劳动因此被定居化的犁耕劳动所取代。毋庸置疑，人类的定居空间以及定居生活主要是农耕文化兴起的产物，因为农耕文化满足了人们在定居时间里的实物来源和休闲需要，而农耕文化的根本是铁犁技术文化。因此，铁犁技术文化是人类定居生存、劳动与休闲的动力要素。

如果说铁犁技术是人类定居劳动及其休闲时间的催化剂，那么车轮技术就是打破这种"小国寡民"定居生活与劳动状态的革命性力量。因为车轮技术的发明，改变并加速了人类交往的速度，改变了战争的时间，进而控制了空间分割的局面。换言之，车轮技术对交往空间的延展与国家的空间统一产生了深刻的变革与影响。当然，历史上的空间分裂同样被技术物所干预与影响。在某种程度上，春秋战国时期的混战、秦始皇的统一与南北朝时期的分裂等与各自特定时代的技术物有密切关系，特别是应用于军事领域的战争技术物或技术工具对改变战争格局与国家空间走向具有重要作用。

从人类发展看，人们对空间的守望与控制一刻也没有停止过。从茂密的狩猎森林空间，走向开阔的耕作农田空间，再到聚集的工业城市空间，或到今天的网络虚拟空间，无不体现出人类对空间的占有与不断转型的变化，其间起到关键作用的是空间中的技术物。因此，技术物是引起人类空间不断变化的力量。无论是何种空间变化，定居与统一始终是人们对空间不变的追求与向往。在农业空间层面，人类结束了狩猎游牧生活，过上了稳定的农业定居生活；在工业空间层面，一部分农民脱离了农业定居生活，走向城市的工业定居生活；在网络空间层面，人们进入了虚拟空间而实现了真实空间之外的生活，网络居民在交往、经济、政治、伦理以及制度等诸多领域进行无限的空间扩张，进而拥有了农业定居生活和城市工业生活空间中不能实现的生活方式。

技术是改变劳动空间的力量。同样，伴随人类生存空间的不断变化，空间中的劳动技术物也随之发生新的变革，进而反哺空间建设与发展，并呈现出越来越有空间体量、质量的空间。譬如人们使用各种技术物建设城市空间，生活在城市空间中的居民又发明了更多的技术物来适应、创新与发展城市空间，诸如地铁技术、水网技术、电网技术、工厂技术以及其他一切为了适应城市空间的技术或技术物随之诞生了，进而不断地吸引人群聚居到城市空间，被无限放大的超级城市空间诞生了。

2. 村落与城市

在地理空间上，城市空间无限扩张的结果就是村落空间被挤压与缩小，大量的劳动力被转移或自愿迁移到城市空间。那么，农村与城市人们的劳动方式和劳动空间也就发生了变化。为了适应低密度的劳动居民生活，人们不得不改进生产工具技术以缓解劳动力缺乏的问题，也是为了给城市空间提供生活资料或物质资料。一些大型农业机械化耕作技术及其技术物诞生了，而城市专门生产这种技术物的工厂也开足了马力进行规模化和流水线生产，以满足农业居民的耕作需要和城市居民的工作需要。譬如，欧洲城市的工业革命就是在农业基础上不断生产与制造技术物中走向历史的高峰的。于是，村落空间与城市空间在各自技术物的发明中提升了自己的空间生活质量。

尽管技术物改变了村落空间与城市空间的生活质量，但最终引起两种空间根本变化的不是技术或技术物本身，而是两种空间中的劳动时间属性。在价值层面，劳动空间中的时间属性决定了空间劳动意义及其空间居民的生活状态。因为只要空间中的劳动时间属性改变了，空间中居民的劳动意义才随之发生变化。譬如，伴随文化创意背景下新农村建设的兴起，村落空间中居民的劳动时间属性显而易见地被改变了，他们的劳动意义根本区别于耕作劳动意义，走向了文化保护、遗产传承和技艺创造性发展的意义层面。这就是说，空间中的劳动时间属性要求空间中技术物的革新，并由此改变了居民在空间中的生活质量。或者说，技术或技术物是空间属性变化的中间力量。

3. 海洋与全球

从全球空间看，人类从陆地向海洋扩张、从亚洲大陆向欧洲大陆进发和从欧洲大陆到美洲大陆探险，技术或技术物在海洋贸易和全球探险中发挥了重要作用。

对于空间的发现与探索，首先要有先进的空间测向技术，进而为扩张空间确立前进道路的方向。早期人们主要通过植物向阳、候鸟迁徙、日月影像、风向路标等确定方位，后来在中国发现磁石指南特征之后，罗盘指南技术被广泛应用于航海事业。于是，葡萄牙人和西班牙人借助罗盘指南技术，带着他们的殖民梦想出海来到了亚洲以及更远的空间，麦哲伦与哥伦布拿着罗盘指南针发现了非洲以及美洲。中国的商人、航海家、僧侣、工匠、官员等也借助指南针走向了欧洲与非洲等地。很明显，指南技术或指南针是人类发现海洋以及地球新大陆的关键要素，这对于改变人类空间意识、地理信息以及宇宙观具有积极意义，对于海洋空间中的劳动方式、劳动工具与劳动技术的改进同样具有深远影响。

对于全球空间交流而言，还有一项名不见经传的马镫也是引起全球人的变化的重要技术物。从目前马镫技术的图像实物看，这一技术最早来自亚洲国家印度的骑士阶层，随后伴随印度佛教文化在中国的传播，中印技术文化交往随之在多个方面展开。不过，勇敢的中国骑士一直到南北朝时期才接受了印度骑士的马镫技术。匈奴人、柔然人等把马镫技术传播至中亚、西亚之后，欧洲人也学会了马镫技术，并产生了一个新的阶层——骑士阶层。在元代，蒙古人利用他们的马镫技术，已然将他们的铁骑战马奔向遥远的欧洲，进而缔造了地理疆域广阔的蒙古帝国。可见，马镫技术对于地理性空间的开辟以及空间中的战争、阶层以及文化交往的变化具有重要的影响，进而影响了各个阶层的劳动方式与劳动时间的意义。

简言之，技术或技术物引起了劳动空间在定居和统一、村落与城市、海洋与全球等维度上的向量变化，进而引起了空间中的人在空间劳动意义上的变化，包括耕作劳动、工业生产、海洋扩张、全球探险等行为的意义，并由此深入影响了空间劳动中的时间意义。

四、休闲：技术引起时间变化

劳动使时间变得有意味，技术引起时间的变化。其中，休闲时间是劳动时间之外的非劳动时间，也是劳动技术引起时间变化体系中有价值的时间变化。在时间知识体系中，休闲时间又产生和发展了人们的游戏时间、文艺时间、宗教时间、美学时间、哲学时间等精神领域的时间，为人类创造了灿烂辉煌的精神时间文明。那么，技术何以引起休闲时间及其衍生的精神时间出场呢？

1. 休闲时间也是劳动时间

休闲时间是劳动时间之外的时间，是对劳动时间的有益补偿与静思。休闲或休假制度是人类的伟大创举，是人类文明水平的标志。一个国家的国民享受休闲时间的长度与水平是一个国家文明程度的象征，休闲文化、休闲经济、休闲旅游、休闲消费等直接反映了一个国家国民的幸福指数。因为从人类精神文化创造而言，没有休闲时间的富足与充盈，也就失去了精神文化创造的时间。实际上，精神文化创造也是一种区别于物质生产的劳动方式。因此，休闲时间也是一种区别于物质劳动时间的精神劳动时间。

物质劳动时间是精神劳动时间的基础，或者说，休闲时间源自劳动时间，但又独立于劳动时间，但不能说休闲时间是物质劳动时间的停顿或休止。休闲时间是物质劳动时间之外的休憩、娱乐和精神创造的时间，是为了更好地进行物质生产，即提高物质生产时间的质量与水平。因此，从某种程度上看，休闲时间是物质劳动时间的"再教育"，是提升与改造物质生产主体的身体、思想与精神的"特别学校"。在这所"学校"里，有游戏、品茶、体育、音乐、舞蹈、狩猎、旅游、宗教、美学、哲学等众多课程，这类课程的时间意义直接为人的身体、思想和精神服务，进而创造了人类精神文明，它对于物质文明具有重大而显著的意义。譬如阿基米德、爱迪生、瓦特、牛顿、爱因斯坦等科学家的科学发明很多来自休闲时间的发现，杠杆原理、蒸汽机技术、万有引力、相对论等为物质文明发展做出了巨大贡献。实际上，休闲，即为学校；学校，即为休闲也。换言之，休闲时间是物质劳动时间的延续，有益于物质劳动时间水平的提升，是物质劳动时间的有意味的再教育。

2. 技术是控制时间的调节器

如何获得休闲时间呢？显而易见的事实是，物质与技术为休闲时间提供了基础。因为物质为休闲时间提供生活保障，技术为休闲时间提供质量保障。物质和技术是相辅相成的，它们与休闲时间也是相辅相成的。因此，技术在物质时间和休闲时间体系中发挥了不可或缺的作用。或者说，技术引起了人们的物质时间和休闲时间的巨大变化。

首先，技术能压缩与延长劳动时间。技术是时间的魔术师，它能改变时间的形状与内容及其意义。譬如轮子技术大大解放了人的体力劳动，不仅大大节约了劳动时间，还为跨越距离提供技术粒子。或者说，时空的压缩和延伸是轮子技术的最大意义。陶轮技术创造了生活陶器，纱轮技术能纺纱和生产衣服，水轮技术能产生动力或电力，火车轮促成人员流动、经济流动和技术流动等。有了轮子之后，人们在延伸身体的长度和增加身体的力量上得到了充分改善，对时间长度和速度的控制变得有效，特别是压缩或缩短了劳动时间。在本质上，人的双脚和双手同车轮与水轮具有相同的功能意义，车轮只不过加快了双脚的行走速度，水轮不过是增加了双手的推动力。也就是说，轮子技术是人身体的功能延伸或意义外化。对于人类而言，时空延伸的意义不仅在于时空本身的意义，更在于时空的技术互动及其延伸的文明意义。在某种程度上，苏美尔陶工、埃及的飞轮与中国的纱轮是具有承接性关联关系的。当苏美尔人的陶轮、古罗马的水轮和中国人的车轮被日常所使用时，陶轮、水轮和车轮之外的诸多文明随之诞生。诸如农业文明、经济文明、工业文明、军事文明、工匠文明等在被轮子创造或节省的时间中形成了，在这些文明样态之外的休闲文明也随之诞生了。因为文明社会从来就是由物质时间（物质文明）和休闲时间（精神文明）构成的。

其次，技术能改变劳动时间的意义。时间的意义是随着空间中的时间消费内容而改变的，当技术介入空间中的时间消费内容时，空间中的时间意义在时间消费内容的改变下也就发生了新的变化。譬如中国的石磨技术被传播到欧洲中世纪的英国，已然改变了英国寺院文化属性及其宗教时间意义。在南美洲的巴西，由葡萄牙殖民者带来的中国石磨技术很快被应用到蔗糖生产劳动中，进而改变了巴西制糖工人的劳动时间及其意义。最早将中国石磨技术带入欧洲的可能是阿拉伯人和非洲人。非洲生产咖啡豆，自从有了石磨技术，品尝咖啡的兴奋时间在非洲以及欧洲受到普遍欢迎。尤其是非洲人和阿拉伯人将咖啡与石磨技术带到欧洲，进而形成了欧洲人饮用咖啡的习惯或休闲文明方式。同时，石磨技术也引发了欧洲的生产技术和休闲时间的结构变化，进而改变了欧洲劳动时间的意义。

最后，技术能提升劳动时间的水平。劳动的效率与水平主要取决于劳动技术，劳动时间的质量改进与劳动技术密切相关。东汉南阳郡太守杜诗根据皮橐鼓风机原理创制出新式鼓风机——水力鼓风炉，这是鼓风机史上的一次重大技术革新——"用力少，见功多"，充分利用水利资源来鼓风的技术克服了早期皮橐人力鼓风的缺陷，大大提高了生产功效，改进了劳动时间质量，也增多了人们的休闲时间，为休闲文化发展提供了技术与物质上的保障。英国在 14—18 世纪也掌握和使用了鼓风技术。14 世纪的英国发明了水轮驱动风箱，鼓风炉技术使得英国成为当时欧洲的产铁大国。1350 年，英格兰北约克里沃勒修道院的修道士发明了鼓风冶炼炉。1600 年，欧洲北部开始使用风箱。1709 年，英国工程师詹姆斯·达比发明了焦炭鼓风炉。1856 年，亨利·伯塞麦爵士发明了转炉炼钢（伯塞麦炼钢法）。1796 年，欧洲第一座金属冶炼鼓风炉出现在格莱维兹。18 世纪的英国采用焦炭代替原来的木炭作为燃料，使得钢铁产量直线上升。欧洲人在工业革命中取得了物质成就之后，他们的休闲时间及其精神文明水平也随之提高，诸如因休闲而诞生的艺术家、哲学家和美学家等不断涌现。可见，劳动技术对于单位时间内的劳动质量与休闲水平具有决定性作用。

简言之，技术已然承担起控制时间的调节器，它能改变时间的形状与内容，创造劳动时间的文明样态及其意义，提升劳动时间的水平与质量，特别是为休闲时间与休闲文化提供保障，也就是为人类精神文明发展提供保障。因此，物质劳动时间的终极目的不是物质劳动本身，而是物质劳动时间之外的休闲劳动时间。休闲劳动是精神劳动，是人类劳动的终极目标，反映了人类发展的文明程度。

五、几点启示

综上所述，技术是引起劳动空间与休闲时间变化的根本，能改变空间中的劳动方式、劳动工具和劳动组织等，也能改变空间中的休闲时间的意义，进而为创造精神时间提供条件。因此，技术是时空的魔术师，对于时空中的人的存在方式具有深刻影响。在阐释中至少能得出以下几点启示：

第一，加快创新劳动技术和时间休闲方式，协同推进物质文明和精神文明建设。技术改变了人的劳动和休闲等存在状态，劳动时间的质量与水平不仅取决于物质技术，还取决于休闲时间，因为休闲时间是物质劳动时间的补充与优化，是精神劳动和精神文明的一种存在方式。当代全球休闲经济和休闲文化的兴起，已然暗示全球文明发展已经进入新的阶段。尽管当代中国在休闲体验经济和休闲农村文化建设方面也取得了较好的成绩，但是在休闲时间的空间挖掘上还有很大的潜力，传统的假日休闲时间与我国取得的经济技术水平还很不相称。很显然，没有创新的劳动和休闲方式，也就失去了社会精神文明建设的先机，这无疑会对物质技术发展产生很大的消极影响。

第二，拓展新技术应用领域，提升休闲时间水平。当代新技术的发展已经走上了快车道，各种新兴高科技引发了劳动工具和劳动手段的革新，进而提升了劳动时间的意义。但是毋庸置疑的是，新兴的高科技在休闲经济和休闲文化领域的应用还是很不够的，这无疑大大影响了国民的休闲时间水平，也就影响了精神文明建设。这就是当前我国物质文明和精神文明还存在一定不协调、不和谐和不匹配之处的原因之一。因此，大力发展休闲经济，扩大国民的休闲空间，延长国民的休闲时间，对于国家长期的物质文明和精神文明发展具有重大而深刻的影响。

第三，加快全球技术创新与流通速度，扩大全球休闲文化交往渠道。技术的全球流通能激发全球劳动生产与创造智慧，提高全球劳动时间水平，进而为全球休闲时间创造空间和机会。只有全球居民进入休闲时代，全球命运共同体建设的质量才能有本质的提高。因此，加快全球技术创新与流通速度，全面改进全球劳动技术和劳动时间的质量，对于延长全球休闲时间和扩大全球休闲空间及其水平具有深远的意义。

总之，在当代社会，加快推进全球劳动技术创新发展，改进全球民众的时间休闲方式，协调推进全球技术文明和休闲文明建设，拓展新兴技术的应用领域，提升民众的休闲时间质量与水平，扩大全球休闲文化交往与互鉴空间，对于全球命运共同体建设具有重大而深远的意义。

注　释

① ［韩］孙海植等：《休闲学》，朴松爱、李仲广译，大连：东北财经大学出版社，2005 年，第 140 页。

② ［英］斯迈尔斯：《品格的力量》，李红艳编译，北京：中国商业出版社，2010 年，第 53 页。

③ ［日］猪木武德：《经济思想》，全洪云、洪振义译，北京：生活·读书·新知三联书店，2005 年，第 223 页。

④ ［韩］孙海植等：《休闲学》，朴松爱、李仲广译，大连：东北财经大学出版社，2005 年，第 46 页。

⑤ ［美］托马斯·古德尔、［美］杰弗瑞·戈比：《人类思想史中的休闲》，成素梅等译，昆明：云南人民出版社，2000 年，第 212 页。

⑥ ［法］罗歇·苏：《休闲》，姜依群译，北京：商务印书馆，1996 年，第 3 页。

⑦ ［德］马克思、［德］恩格斯：《马克思恩格斯全集》，北京：人民出版社，1974 年，第 287 页。

跋

技术史是人的本质力量的外化奋斗史或现象史。技术史的出现是技术发展的现象史，是对人的力量的一种观念与哲学的书写，并非完全是基本内史的事实展示。技术史的外史与内史在观念与哲学领域达到了完美的统一。

技术史的最大哲学在于将人的力量结构化展示与表达。这里的"结构化"是一种书写的哲学，也是技术史本身的哲学。因为技术史本身具有结构的力量，它既是对技术历史的结构，也是对未来社会历史的结构。也就是说，技术史具有结构二重性。所谓"知往鉴今"，即是技术史结构的二重性。

从价值目标看，技术史结构二重性的根本价值指向是对人的力量的结构。对人的力量的展示、重组和配置，就是技术史的价值哲学的根本诉求。在所有人的力量体系中，技术观念的力量是巨大的，它既有物质性、实践性和工具性的属性，也具有精神性、思想性和意识性的特色。因此，技术观念史的结构二重性是显而易见的。

但是，技术观念史不同于技术思想史。技术思想史的贯通与脉络可能是一种历史假设，技术观念史是对微观层面的现象做宏观大势的思想概念的考察，或能在非连续性中找到知识考古学意义上的历史真实性。换言之，"小观念"中见"大思想"或"大社会"，或是技术观念史的书写路径或旨要。

最后，向参与本书部分撰写的我的研究团队同志致谢！向策划、编辑、校对、设计本书的江苏凤凰美术出版社的同志致谢！

是为跋，以志著事。

作者
2021 年 3 月

参考文献（按文章出现为顺序）

① ［英］罗宾·克洛德等：《全世界孩子最爱提的 1000 个问题》，邱鹏译，哈尔滨：黑龙江科学技术出版社，2007 年。

② ［法］费尔南·布罗代尔：《十五至十八世纪的物质文明、经济和资本主义·第一卷·日常生活的结构：可能和不可能》，顾良、施康强译，北京：商务印书馆，2017 年。

③ ［加］麦克卢汉：《理解媒介：论人的延伸》，何道宽译，南京：译林出版社，2011 年。

④ ［法］斯蒂格勒：《技术与时间 1：爱比米修斯的过失》，裴程译，南京：译林出版社，2012 年。

⑤ ［美］戴维·蒙哥马利：《耕作革命：让土壤焕发生机》，张甘霖等译，上海：上海科学技术出版社，2019 年。

⑥ ［美］约瑟夫·C. 皮特：《技术思考：技术哲学的基础》，马会端、陈凡译，沈阳：辽宁人民出版社，2012 年。

⑦ ［美］埃里克·沃尔夫：《欧洲与没有历史的人民》，赵丙祥、刘传珠、杨玉静译，上海：上海人民出版社，2006 年。

⑧ 廖群：《先秦两汉文学考古研究》，北京：学习出版社，2007 年。

⑨ 唐朝晖、罗文中：《千古画谜：中国历代绘画之谜百题》，长沙：湖南人民出版社，2009 年。

⑩ 周星：《史前史与考古学》，西安：陕西人民出版社，1992 年。

⑪ 杨豪：《广东新丰江新石器时代遗址调查简报》，《考古》1960 年第 7 期。

⑫ 陈仲光、林登翔：《闽侯庄边山新石器时代遗址试掘简报》，《考古》1961 年第 1 期。

⑬ 莫稚：《广东宝安新石器时代遗址调查简报》，《考古通讯》1957 年第 6 期。

⑭ ［德］马克思：《1844 年经济学哲学手稿》，北京：人民出版社，2000 年。

⑮ ［英］巴恩：《剑桥插图史前艺术史》，郭小凌、叶梅斌译，济南：山东画报出版社，2004 年。

⑯ ［美］布赖恩·费根：《世界史前史》，杨宁、周幸、冯国雄译，北京：世界图书出版公司北京公司，2011 年。

⑰［美］安·达勒瓦：《艺术史方法与理论》，李震译，南京：江苏美术出版社，2009 年。

⑱ Hogarth D. G., "Welch F B . Primitive Painted Pottery in Crete", *Journal of Hellenic Studies*, 1901.

⑲ Conkey M. W., "Prehistoric Art", *International Encyclopedia of the Social & Behavioral Sciences*, 2015.

⑳ ANDRÉE ROSENFELD, "Style and Meaning in Laura Art: A Case Study in the Formal Analysis of Style in Prehistoric Art", *Australian Journal of Anthropology*, Vol.13,No.3,2010.

㉑（清）王先慎撰，钟哲点校：《韩非子集解》，北京：中华书局，1998 年。

㉒陈淳：《考古学理论》，上海：复旦大学出版社，2004 年。

㉓贾汉清、张正发：《明湘城发掘又获重大成果》，《中国文物报》1998 年 7 月 1 日第 1 版。

㉔刘学堂：《新疆地区史前墓葬的初步研究》，《史前研究》，西安：三秦出版社，2000 年。

㉕中国社会科学院考古研究所、山西省临汾市文物局编：《襄汾陶寺：1978—1985 年考古发掘报告》（第 3 册），北京：文物出版社，2015 年。

㉖陈仲光、林登翔：《闽侯庄边山新石器时代遗址试掘简报》，《考古》1961 年第 1 期。

㉗邓福星：《艺术前的艺术——史前艺术研究》，济南：山东文艺出版社，1986 年。

㉘王鹏辉：《新疆史前考古所出角觿考》，《文物》2013 年第 1 期。

㉙［法］安德列·勒鲁瓦 - 古昂：《史前宗教》，俞灏敏译，上海：上海文艺出版社，1990 年。

㉚（汉）司马迁：《史记》，北京：中华书局，2010 年。

㉛冯时：《中国天文考古学》，北京：社会科学文献出版社，2001 年。

㉜崔朝庆：《中国人之宇宙观》，北京：商务印书馆，1933 年。

㉝景天魁等：《时空社会学：理论和方法》，北京：北京师范大学出版社，2012 年。

㉞河姆渡遗址考古队：《浙江河姆渡遗址第二期发掘的主要收获》，《文物》1980 年第 5 期。

㉟赵李娜：《史前海岱社会太阳崇信观念之演进历程及文化人类意

义》，《管子学刊》2012 年第 4 期。

㊱ 李晶晶：《论我国新石器时期玉器的审美特质——以凌家滩出土的象生玉礼器为考据》，《求索》2012 年第 5 期。

㊲ 赵李娜：《甘青地区史前陶器"太阳—鸟"形象之文化人类学意义》，《西北民族研究》2012 年第 4 期。

㊳ 蒋乐平：《钱塘江史前文明史纲要》，《南方文物》2012 年第 2 期。

㊴ 山东省文物管理处、济南市博物馆编：《大汶口新石器时代墓葬发掘报告》，北京：文物出版社，1974 年。

㊵ ［英］约翰·哈萨德编：《时间社会学》，朱红文、李捷译，北京：北京师范大学出版社，2009 年。

㊶ ［英］安东尼·吉登斯：《社会的构成：结构化理论大纲》，李康、李猛译，北京：生活·读书·新知三联书店，1998 年。

㊷ ［英］里德伯斯：《时间》，章邵增译，北京：华夏出版社，2006 年。

㊸ 中国社会科学院考古研究所二里头工作队：《1984 年秋河南偃师二里头遗址发现的几座墓葬》，《考古》1986 年第 4 期。

㊹ 固始侯古堆一号墓发掘组：《河南固始侯古堆一号墓发掘简报》，《文物》1981 年第 1 期。

㊺ 北京大学历史系考古教研室商周组编：《商周考古》，北京：文物出版社，1979 年。

㊻ 谢尧亭：《山西翼城县大河口西周墓地获重要发现》，《中国文物报》2008 年 7 月 4 日第 5 版。

㊼ 湖北省文物考古研究所等：《湖北随州叶家山西周墓地发掘简报》，《文物》2011 年第 11 期。

㊽ 中国社会科学院考古研究所沣西发掘队：《1967 年长安张家坡西周墓葬的发掘》，《考古学报》1980 年第 4 期。

㊾ 陕西省博物馆、陕西省文物管理委员会：《陕西岐山贺家村西周墓葬》，《考古》1976 年第 1 期。

㊿ 陕西周原考古队：《扶风云塘西周墓》，《文物》1980 年第 4 期。

51 张长寿、张孝光：《西周时期的铜漆木器具——1983—86 年沣西发掘资料之六》，《考古》1992 年第 6 期。

52 中国社会科学院考古研究所沣西发掘队：《1976—1978 年长安沣西发掘简报》，《考古》1981 年第 1 期。

53 中国社会科学院考古研究所丰镐发掘队：《长安沣西早周墓葬发掘

记略》，《考古》1984 年第 9 期。

(54) 周原扶风文管所：《陕西扶风强家一号西周墓》，《文博》1987 年第 4 期。

(55) 宝鸡市博物馆：《宝鸡竹园沟西周墓地发掘简报》，《文物》1983 年第 2 期。

(56) 山东省博物馆：《临淄郎家庄一号东周殉人墓》，《考古学报》1977 年第 1 期。

(57) 陈温菊：《诗经器物考释》，台北：文津出版社，2001 年。

(58)（清）孙希旦，沈啸寰、王星贤点校：《礼记集解》，北京：中华书局，1989 年。

(59) 中国社会科学院考古研究所二里头队：《1980 年秋河南偃师二里头遗址发掘简报》，《考古》1983 年第 3 期。

(60) 中国社会科学院考古研究所二里头工作队：《1981 年河南偃师二里头墓葬发掘简报》，《考古》1984 年第 1 期。

(61) 河北省博物馆、河北省文管处台西发掘小组：《河北藁城县台西村商代遗址 1973 年的重要发现》，《文物》1974 年第 8 期。

(62) 殷玮璋：《记北京琉璃河遗址出土的西周漆器》，《考古》1984 年第 5 期。

(63) 中国社会科学院考古研究所编：《殷周金文集成》，北京：中华书局，1992 年。

(64) 任溶溶主编：《诗经》，杭州：浙江少年儿童出版社，2009 年。

(65) 中国社会科学院考古研究所等：《1981—1983 琉璃河西周燕国墓地发掘简报》，《考古》1985 年第 5 期。

(66) 中国社会科学院考古研究所沣西队：《1987、1991 年陕西长安张家坡的发掘》，《考古》1994 年第 10 期。

(67) 王秀梅译注：《诗经》，北京：中华书局，2006 年。

(68) 山东大学考古系：《山东长清县仙人台周代墓地》，《考古》1998 年第 9 期。

(69)［日］海原末治，刘厚滋译：《汉代漆器纪年铭文集录》，《考古社刊》1937 年第 6 期。

(70)［匈］阿诺尔德·豪泽尔：《艺术社会史》，黄燎宇译，北京：商务印书馆，2015 年。

(71)［英］贡布里希：《理想与偶像：价值在历史和艺术中的地位》，

范景中、杨思梁译，南宁：广西美术出版社，2013 年。

⑫ Arnold Hauser, *The Social History of Art*, 4 volumes, London and New York: Routledge, 1999.

⑬ Clark, T. J., *The Painting of Modern Life*: *Paris in the Art of Manet and His Followers*，Chicago: University of Chicago Press, 1985.

⑭ Clark, T. J., *Farewell to an Idea*: *Episodes from a History of Modernism*，New Haven: Yale University Press, 1999.

⑮ 孟建伟：《科学史与人文史的融合：萨顿的科学史观及其超越》，《自然辩证法通讯》2004 年第 3 期。

⑯ 顾海良：《"斯诺命题"与人文社会科学的跨学科研究》，《中国社会科学》2010 年第 6 期。

⑰ 黄亚萍：《技术史》，《自然辩证法通讯》1980 年第 1 期。

⑱ 王国维：《观堂集林》（卷十），北京：中华书局，2004 年。

⑲ ［荷］科恩：《科学革命的编史学研究》，张卜天译，长沙：湖南科学技术出版社，2012 年。

⑳ ［德］F.拉普：《技术哲学导论》，刘武等译，沈阳：辽宁科学技术出版社，1986 年。

㉑ ［德］埃德蒙德·胡塞尔：《欧洲科学危机和超验现象学》，张庆熊译，上海：上海译文出版社，1988 年。

㉒ ［法］阿尔贝特·施韦泽：《文化哲学》，陈泽环译，上海：上海人民出版社，2008 年。

㉓ ［法］R.舍普等：《技术帝国》，刘莉译，北京：生活·读书·新知三联书店，1999 年。

㉔ Kristeller P O，"Panofsky E . Renaissance and Renascences in Western Art"，*Art Bulletin*, 1969, 44(1).

㉕ Martini M，"The Merton-Shapin relationship from the historiographic debate internalism/externalism"，*Cinta DeMoebio*, 2011(42).

㉖ Long P O，"Artisan/Practitioners and the Rise of the New Sciences,1400—1600"，*Sixteenth Century Journal*, 2013,65（3）.Long P O. *Artisan/Practitioners and the Rise of the New Sciences, 1400—1600*，Oregon State University Press,2011.

㉗ 俞水生：《汉字中的人文之美》，上海：文汇出版社，2015 年。

㉘ ［日］仓桥重史：《技术社会学》，王秋菊、陈凡译，沈阳：辽宁

人民出版社，2008 年。

(89) Panofsky E，“Renaissance and Renascences in Western Art”，*Art Bulletin*, 1962， 44(1).

(90) Martini M，“The Merton-Shapin relationship from the historiographic debate internalism/ externalism”，*Cinta De Moebio*, 2011(42).

(91) Long P O，“Artisan/Practitioners and the Rise of the New Sciences, 1400—1600”，*Sixteenth Century Journal*, 2013, 65(3).

(92) DearP. Pamela Long, *Artisan/Practitioners and the Rise of the New Sciences, 1400—1600.* (The Horning Visiting Scholars Series.) Corvallis: Oregon State University Press.

(93) 甘肃省博物馆：《武威磨咀子三座汉墓发掘简报》，《文物》1972 年第 12 期。

(94) 张福公：《国外学界关于马克思工艺学思想研究的历史与现状——基于文献史、思想史的考察》，《教学与研究》2018 年第 2 期。

(95) 程海东、贾璐萌：《道德物化——技术物道德“调解”解析》，《道德与文明》2014 年第 6 期。

(96) 刘铮：《技术物是道德行动者吗？——维贝克“技术道德化”思想及其内在困境》，《东北大学学报（社会科学版）》2017 年第 3 期。

(97) 朱勤：《技术中介理论：一种现象学的技术伦理学思路》，《科学技术哲学研究》2010 年第 1 期。

(98) 盛国荣：《技术物：思考消费社会中技术和技术问题的出发点——鲍德里亚早期技术哲学思想研究》，《科学技术哲学研究》2010 年第 5 期。

(99) 王玉喜、韩仲秋：《格物致知：中国传统科技》，济南：山东大学出版社，2017 年。

(100) 谢小华:《乾隆皇帝请法国刻制铜版画》,《北京档案》2004 年第 10 期。

(101) 王冠宇：《葡萄牙旧圣克拉拉修道院遗址出土十六世纪中国瓷器》，《考古与文物》2016 年第 6 期。

(102) 张云：《上古西藏与波斯文明》，北京：中国藏学出版社，2005 年。

(103) 童恩正：《古代中国南方与印度交通的考古学研究》，《考古》1999 年第 4 期。

(104) 陈文平：《唐五代中国陶瓷外销日本的考察》，《上海大学学报（社会科学版）》1998 年第 6 期。

⑩⑤ 朱凡：《中国文物在非洲的发现》，《西亚非洲》1986 年第 4 期。

⑩⑥ 中国第一历史档案馆编：《英使马戛尔尼访华档案史料汇编》，北京：国际文化出版公司，1996 年。

⑩⑦ 金国平、吴志良：《流散于葡萄牙的中国明清瓷器》，《故宫博物院院刊》2006 年第 3 期。

⑩⑧ 沙丁等：《中国和拉丁美洲关系简史》，郑州：河南人民出版社，1986 年。

⑩⑨ 张宝宇：《中国文化传入巴西及遗存述略》，《拉丁美洲研究》2006 年第 5 期。

⑩ 刘迎胜：《丝路文化》（海上卷），杭州：浙江人民出版社，1995 年。

⑪ 夏鼐：《新疆新发现的古代丝织品——绮、绵和刺绣》，《考古学报》1963 年第 1 期。

⑫ 金玉国：《世界战术史》，北京：解放军出版社，2012 年。

⑬ 亓佩成：《古代西亚文明》，济南：山东大学出版社，2016 年。

⑭ ［德］利奇温：《十八世纪中国与欧洲文化的接触》，朱杰勤译，北京：商务印书馆，1962 年。

⑮ ［美］理查德·桑内特：《新资本主义的文化》，李继宏译，上海：上海译文出版社，2010 年。

⑯ ［美］房龙：《荷兰共和国的衰亡》，朱子仪译，北京：北京出版社，2001 年。

⑰ ［法］雅克·布罗斯：《发现中国》，耿昇译，济南：山东画报出版社，2002 年。

⑱ ［法］艾黎·福尔：《世界艺术史》（上），张泽乾、张延风译，武汉：长江文艺出版社，2004 年。

⑲ 袁宣萍：《十七至十八世纪欧洲的中国风设计》，北京：文物出版社，2006 年。

⑳ 安徽省地方志编纂委员会：《皖志述略》（下），合肥：安徽省地方志编纂委员会出版，1983 年。

㉑ 扬州市广陵区地方志编纂委员会编：《广陵区志》，北京：中华书局，1993 年。

㉒ 《清代诗文集汇编》编纂委员会编：《清代诗文集汇编·春草堂集》，上海：上海古籍出版社，2010 年。

㉓ （清）钱泳：《履园丛话》，北京：中华书局，1979 年。

⑭（清）戴震：《考工记图》，北京：商务印书馆，1955年。

⑮（清）王夫之：《周易外传》，北京：中华书局，1977年。

⑯［法］安田朴：《中国文化西传欧洲史》，耿昇译，北京：商务印书馆，2000年。

⑰［英］赫德逊：《欧洲与中国》，李申、王遵仲等译，北京：中华书局，2004年。

⑱［美］托马斯·芒罗：《东方美学》，欧建平译，北京：中国人民大学出版社，1990年。

⑲［德］孟汉：《知识社会学》，李安宅译，北京：中华书局，1932年。

⑳（明）计成著，陈植注释：《园冶注释》，北京：中国建筑工业出版社，1988年。

㉛（明）张岱：《陶庵梦忆》，北京：中华书局，1985年。

㉜（清）李斗撰，汪北平、涂雨公点校：《扬州画舫录》，北京：中华书局，1960年。

㉝（清）张廷玉等：《明史》，北京：中华书局，1974年。

㉞王丽娜：《中国古典小说戏曲名著在国外》，上海：学林出版社，1988年。

㉟宋柏年：《中国古典文学在国外》，北京：北京语言学院出版社，1994年。

㊱高小康：《论李渔戏曲理论的美学与文化意义》，《文学遗产》1997年第3期。

㊲陈顺智：《历史·现实·舞台——论李渔的曲学批评思想》，《戏剧》2001年第4期。

㊳［英］赫德逊：《欧洲与中国》，李申、王遵仲等译，北京：中华书局，2004年。

㊴［美］P.韩南：《中国白话小说史》，尹慧珉译，杭州：浙江古籍出版社，1989年。

㊵［加］哈罗德·伊尼斯：《传播的偏向》，何道宽译，北京：中国传媒大学出版社，2013年。

㊶夏东元：《晚清洋务运动研究》，成都：四川人民出版社，1985年。

㊷王扬宗：《江南制造局翻译书目新考》，《中国科技史料》1995年第2期。

㊸熊月之：《西学东渐与晚清社会》(修订版)，北京：中国人民大学

出版社，2011年。

⑭ 张继祖、刘谦虎等：《我国特有漆树种质资源——陕西漆树》，《中国林副特产》1987年第1期。

⑮ 倪腊松：《研究清代贵州经济史的宝贵资料——黑漆行规碑》，《贵州文史丛刊》1996年第4期。

⑯ 台北故宫博物院编委会：《海外遗珍·漆器》，台北故宫博物院，1998年。

⑰ Oliver Impey, *Chinoiserie: The Impact of Oriental Styles on Western Art and Decoration*, London: George Railbird Ltd, Mar 1997.

⑱ ［美］保罗·肯尼迪：《大国的兴衰》，蒋葆英等译，北京：中国经济出版社，1989年。

⑲ 费孝通：《论人类学与文化自觉》，北京：华夏出版社，2004年。

⑮⓪ 钟年：《文化濡化及代沟》，《社会学研究》1993年第1期。

⑮① ［美］玛格丽特·米德：《文化与承诺：一项有关代沟问题的研究》，周晓虹、周怡译，石家庄：河北人民出版社，1987年。

⑮② ［美］罗伯特·芮德菲尔德：《农民社会与文化：人类学对文明的一种诠释》，王莹译，北京：中国社会科学出版社，2013年。

⑮③ ［英］斯迈尔斯：《品格的力量》，李红艳编译，北京：中国商业出版社，2010年。

⑮④ ［日］猪木武德：《经济思想》，金洪云、洪振义译，北京：生活·读书·新知三联书店，2005年。

⑮⑤ ［韩］孙海植等：《休闲学》，朴松爱、李仲广译，大连：东北财经大学出版社，2005年。

⑮⑥ ［美］托马斯·古德尔、［美］杰弗瑞·戈比：《人类思想史中的休闲》，成素梅等译，昆明：云南人民出版社，2000年。

⑮⑦ ［法］罗歇·苏：《休闲》，姜依群译，北京：商务印书馆，1996年。

⑮⑧ ［德］马克思、［德］恩格斯：《马克思恩格斯全集》，北京：人民出版社，1974年。

潘天波《考工格物》书系